U0164436

目錄

第一章：教養講「度」

第二章：識「管」識「教」

第三章：好爸叻媽

代序（一）：
薪火相傳

　　有「專業通才」美譽之稱的蕭一龍 —— 學富五車、知識淵博、涉獵面廣！今趟，他結集了其「社工」及「教育」等豐富知識和實踐經驗，把他在《今日校園》的專欄撰稿，集結及編纂成書，可謂對爸媽們，是一大喜訊！

　　誠然，「教養子女」並非一件易事 —— 沒有捷徑可循，也沒有經文可依；甚至，爸媽們只能憑著個人有限的「知識」和「經驗」，主觀的「期望、風格」和「方法」等來教養子女……可以說，像「摸著石頭過河」……險象橫生，成敗得失全繫於「一念、一言」與「一行」的一瞬間，影響深遠！

　　有幸的是，一龍兄把「教養子女」之道、「與子相處」之法，以及成就「好爸叻媽」之訣，在此書內作了最全面、最正確的詮釋，委實值得向爸媽們推薦！

　　平心而論，世上任何事物，諸如：歷史、知識、技藝、教義、文化等，之所以及可以延續，皆因有「有心人」不斷作出無私的「奉獻」與「傳承」。而所謂「傳承」，是指前

人把其個人的「知識」和「經驗」，通過「教育」和「訓練」等方式，來給後人作「傳授」，使之「生生不息、發揚光大」——薪火相傳！

本人深信，一龍兄自 2017 年 3 月起，每月為《今日校園》所撰寫「親子教養」的文章，目的就是要把「教養子女」的竅門，跟爸媽們逐一暢談……使「家庭生活教育」，得以「傳承」、惠及「新一代」！

但願各位爸媽，在閱畢此書或每篇文章後，能與伴作出「反思」和「切磋」——砥礪學習！

趙芝勝 博士 MH
香港傳承基金總理團主席

代序（二）：
拒做「港孩」爸媽

　　大多數父母都想當「好爸媽」，希望孩子未來能過得好、過得快樂！

　　昔日，香港大部分家庭都有多名子女；但隨著社會發展和生活壓力，以致現時的香港，很多家庭只有一至兩名子女。之所以，新一代父母均集中「心力」和「資源」來照顧子女，總想將「最好的」給予自己的子女，把對子女的愛，變成「無微不至」的「全方位照顧」。

　　譬如說，很多父母越是關愛子女，越是保護孩子；在「不知不覺」間，便出現了「港孩現象」。而所謂「港孩」，是指受父母過度保護，被詬病有「三低」特徵，即：自理能力低、情緒智商低、抗逆力低。又有「六不得」，即：餓不得、飽不得、熱不得、凍不得、累不得、辛苦不得。更甚者，有「高分低能」的情況，即：考試高分，但處理能力低下，尤其在「情緒智商」和「抗逆力」方面。

由此觀之，香港的「三低港孩」越來越普遍，令今時今日的家長，做父母更難！有人說，「港孩」父母，是美國「直升機父母」和日本「怪獸家長」的影子。

　　談及「直升機父母」，它的稱號早在上世紀 90 年代於美國出現 ── 他們為孩子「看頭顧尾」。說句實話，「直升機父母」無處不在，無時無刻地在孩子的上空（頭上）盤旋，監視著他們的「一舉一動」；稍有不妥，便立刻「插手」干預、解決！至於剛指的日本「怪獸家長」，也是一樣隨意干預孩子的事情；並以自己的孩子為中心，為了他們更不惜對學校提出不少無理的要求！他們一心想為子女，提供最好的教育、爭取最好的待遇，以便子女日後「出人頭地」── 成龍變鳳！可以說，香港的「港孩」父母，就像「直升機父母」和「怪獸家長」一樣，為孩子安排一切「認為好」的事務，諸如：向學校爭取「特別照顧」其子女的安排；讓子女參加多個興趣班和補習班，以免子女輸在「起跑線」！之所以，

今天的「港孩」，大都「多才多藝」——他們雖「能文善武」，但卻不懂「繫鞋帶」而只穿有「魔術貼」的皮鞋或運動鞋上學。而在校午膳時，更因不懂處理骨頭而只訂吃「無骨餐」；因懼怕在課堂舉手要求上洗手間，而整朝不喝水……有些「港孩家長」，更向校方反映試卷程度太淺，令其子女能力未能充份發揮，質疑老師在處理孩子上，方法不恰當；更擔心孩子無法照顧自己，因而不准其參加戶外活動……有不少香港家長，正墮入「港孩父母」的迷思——明知有些做法不妥，但又不知道，怎樣去教養子女才好？

有幸的是，蕭一龍於 2017 年 3 月起，便以「教聯會」理事的身份，撰稿與家長分享「育兒之道」，至今筆耕逾三十多篇文章。他提出，面對育兒煩惱，香港家長要學習「教養之道」；而教養子女又要講「度」，當中的「度」怎樣才算合適？怎樣才可識「管」識「教」？他在這本《做個好爸媽》中，有詳細論述。再者，他亦在書內分享了做「好爸叻媽」之法。在此，筆者誠意向各讀者，推薦這本書！《做個好爸媽》——值得今天想做「好爸媽」而不做「港孩」父母的香港家長細看。

胡少偉 博士
香港教育工作者聯會副主席

代序（三）：
有「家」有「教」

　　「家庭」——是人類的第一個「教育場所」，是個人「社會化」開始的起源地，是「個體」最早接觸的場所，是幼兒在整個發展過程中最重要的「學習場所」，也是「個體」人格形成與發展的中心，更是所有社會問題的主要根源。因此，「家庭教育功能」的發揮，實有助於青少年問題的解決。然而，社會環境急速變遷，帶動了傳統家庭形態的改變！早期社會的家庭，是大家庭——多半是「三代同堂」，家族眾多但長幼有序、尊卑有別；嚴父慈母，婦女相夫教子，充分發揮了「家庭教育」的功能。當時，孩子不僅長輩多、同輩的兄弟姐妹也多；孩子們過著「團體生活」，彼此互相照顧、相互扶持。但隨著時代的變遷，社會和家庭結構的改變，大家庭已不復見！

　　據美國加州大學臨床心理學家羅瑞利・葛瑞茲博士指出：「每一個父母都應該知道，我們不可能在孩子的任何年齡中，提供一個完美的環境。因此，唯有父母誠心的從旁協助孩子、

鼓勵他們，這才是最重要的。父母親應該了解，這種無可避免的掙扎，對孩子來說，是有益且必須學習的。」

此外，「親職教育」（parent education）也認為：其主要功能在於「增進父母管教子女的知識能力，以及以『改善親子關係』為目標。」所以，「親職教育」是以父母為對象的「成人教育」，是「自願的、實用的、即時的、連續的」。

至於「家長」方面，他們是學校教師的很好資源、協作。過往，學校的活動參與，家長的意願通常都不高，以致教師與家長的互動不足；學校認為，家長應該要多參與學校的活動──一同與孩子們參與學習，並藉由這方式了解孩子的學習情況，給予孩子適時的鼓勵，並配合學校教師的「教學進度」，以協助孩子學習、發展。因此，良好的「親子關係」實有利於孩子的學習與發展。因為，家庭是孩子學習的第一個環境，會影響著孩子的「氣質」與「價值觀」；且子女在家庭環境中，接受父母的教養與照顧，逐漸會直接吸收這個環境文化的影響，並發展出獨特「自我特質」，對未來的生活適應，以及「人格發展」，均會受到影響。孩子們從中，自然而然不斷的「被教導」及「學習」；在不同的環境之下，將培養出各種不同性格的孩子──他們的「態度、人際溝通、情緒、生活常規、責任心及自制力」……都有所不同；一旦養成了這些習慣，日後將陪伴著孩子的成長。所以，「親子關係」著實會影響孩子的成長與未來。

感謝<u>蕭一龍</u>博士出版了「親子教養」系列之《做個好爸媽》一書，與家長們分享更多「育兒心得」，好讓一代影響一代，使優質的「親職教育」可以承傳下去！

盧巧藍 校長（幼稚園）
卓越教育行政人員獎（2018）
表揚教師獎（2005 及 2015）
香港教育工作者聯會副主席
興學證基協會董事
大專院校客席講師
香港學界僕人領袖團契核心成員
前香港教師中心諮詢管理會委員

代序（四）：
「家教」為重

　　本人從事幼教工作超過 30 年，深深體會到「親子教育」的重要性。在東方社會，很多家長都會將教育重任交給學校，與西方社會比較，他們對「親子教育」的概念都不太重視；但是，這種想法對「親子教育」有莫大影響！事實上，教育子女成材，是家長的責任，而不是學校。

　　平心而論，孩子是父母的「一面鏡子」，他們也是父母的「作品」。父母對孩子性格的形成，起了「決定性」作用。而決定我們的「命運」，更是「性格」。所謂「好性格」，就是包含了「積極上進」的態度、會「自律」；因而具備「全性格」的孩子，學業方面則不用操勞。

　　至於「家庭」，是成功孩子的港灣和出發地。家長需協助孩子，走向成功的路上；而孩子的「性格」和「行為習慣」的形成，與家庭有著密切的聯繫。眾所周知，「成功的家庭，造就成功的孩子；而失敗的家庭，則造就失敗的孩子。」因此，「家庭教育」是教育的基礎，父母對孩子的成長，有著「決定性」的作用。

「親子教養」系列之《做個好爸媽》一書，包含了三個章節；每個章節，則各有 11 篇文章。此書主題清晰鮮明、容易理解，內容貼近生活；每個章節結尾，都有「教養小貼士」作為總結，讓家長細閱文章後，能獲得重點啟發，是時下父母必看的讀物。

蔡馮麗湄 校長
金巴倫英文幼稚園

自序：
教子恍如「放風箏」

　　落葉知秋 —— 當踏入「秋高氣爽」的季節時，最適宜做的，莫過於攜同家眷，或相約三五知己、良朋好友，一起到郊外旅行，或野餐，或 BBQ；甚至，一起參與「放風箏」的玩兒，以解年多來積壓了的「抗疫疲勞」，以期「舒展筋骨、消消悶氣、聯繫友情、強化親情」……

　　談及「放風箏」 —— 究竟，它具有甚麼意思或含義呢？它與「教養子女」，又有何關聯？且看以下簡述吧！

　　話說，「放風箏」是中國民間「傳統遊戲」之一，也是「清明節」的節日習俗。雖然，風箏的真正起源，現在已無法引證；但有些民俗學家認為，古人發明風箏，主要是為了懷念已故的親友；所以，在「清明節」便將慰問故人的情意，寄託在風箏之上，傳送給死去的親友！也有人認為，在公元前1000年，中國人已是最先放風箏的先輩。因為，早在「信史」之前，傳說中國人已懂「放風箏」。據說，在公元前四世紀，中國著名工匠魯班（即公輸班）做了一隻風箏，升空三日而

不墜。還有一個故事，說一名將軍包圍了皇宮，利用風箏來測量宮牆與己方軍隊的距離。還有，風箏可用於送磚上屋，或在風箏尾部繫上魚鉤釣魚。公元 1600 年，東方的風箏（菱形）更由荷蘭人傳到了歐洲呢！

再說，「放風箏」亦具「吉祥」的寓意。它指的，是期待美好的生活；還可以有益身心、改善視力等。它 ── 也是一個「多義詞」，具有不同的含義；若能充分掌握其「正面寓意」，並「恰當運用」，對子女的「啟導」與「成長」，將有莫大裨益！何以見得？

譬如說，爸媽在「教養子女」時，不就是像「放風箏」般，手中抓著「風箏線」── 要做到「緊、鬆、近、遠」嗎？不過，怎樣拿捏 ── 做到「能抽能放、收放自如」，「嚴寬有度」？又怎樣做，才「恰到好處」── 「該嚴則嚴、該寬則寬」呢？這有賴爸媽們另類的「家教智慧」了！

話說回來，此書所收錄的文章，是作者於 2017 年 3 月至 2021 年 3 月，在《今日校園》所刊登的專欄撰稿。經作者編纂和整理後，其「主題」確立為「教養之道」；而內容則以「社會時事、生活點滴」和「作者思緒」為誘因，並揉合古代聖哲的哲思與當代「親職教育」的概念，暢談爸媽如何把持「子女教養」的「原則、技巧」和「方法」，以至子女的「性格」與「品德」等培育，使爸媽能做到「應管則管、應教則教、曉管曉教」，最終成為子女心目中的、稱職的「好爸媽」！全書共分三大章，每章 11 篇，每篇約 1000 至 2000 字，合共 33 篇文章；將分三個章節講述：

第一章：教養講「度」

主要談論教養子女的「原則」，使爸媽能取其「中庸」——嚴寬有度、中間落墨。

第二章：識「管」識「教」

主要談論教養子女的「技巧」與「方法」，使爸媽能適當地運用，以培育子女健康和快樂地成長。

第三章：好爸叻媽

主要談論子女的「性格」與「品德」等教育，使爸媽能「慎而重之」和「行之」，以塑造子女健全的「人格」。

最後，附錄了一則由筆者與兒子一起創作的「寓言故事」，名為《神奇小子也愛大自然》，以供讀者細賞。

此書之所以能順利出版，除必先要多謝趙芝勝博士的慷慨贊助和揮筆寫「代序」外；還要多謝的，有：胡少偉博士、盧巧藍校長和蔡馮麗湄校長——他們均在百忙中，抽空幫忙來寫「代序」，實在難得！而 Lokki Lau（劉小姐）所繪畫的「精美插圖」，以及紅出版在出版事務上，所給予的各項協調和鼎力協助……在此，亦一一致謝！

盼此書除帶給爸媽們一點閱讀樂趣外，還使他們在「教養子女」上，有所「啟迪」，以至與子女建立「沒有隔閡」而「和融」的「親子關係」，使彼此的相處更上層樓，最終成為子女心目中的——好爸叻媽！

蕭一龍 博士

第一章

教養講「度」

(1) 淺談「管」與「教」

日前瀏覽報章，又看到學童「跳樓自殺」的報導！這正是——「聞者傷心，聽者流淚！」令人婉惜和慨嘆！不由得使人從心裏作出疑問：為何小小的年紀，便幹出那「不能翻身」——「自尋短見」的舉動呢？難道真的是受「考試成績」的困擾？抑或是，受不了沉重的「功課壓力」？還是，別有他因？所謂「冰封三尺非一日之寒」；當中，自有其「隱因」而不為人所知，不足為外人道！這使筆者聯想到，父母對子女的「管教」，值得讀者諸君的反思和關注！

關於「管教」的問題，筆者認為，可從三方面來理解和探討，那就是：何謂「管」？何謂「教」？又何謂「管教」？

根據《辭淵》的解釋，「管」字若用作動詞，可解作是「約束」（如：管教）、「處理」（如：管理，即經營和處理）。而「教」字倘作動詞，則可解釋為「訓誨」（如：教誨）、「教訓」（教導訓誨）、「教導」（教訓指導）等。由此推敲至「管教」，筆者認為，可分為「四個層面」或情況來解讀，即：曉管曉教、曉管但唔曉教、唔曉管卻曉教和唔曉管亦唔曉教。

（1）曉管曉教

　　顧名思義，這類父母對子女的「管教」，均能做到「恰到好處」──嚴寬「適度」，故謂之「曉管曉教」。比方，在「約束」子女的行為上，他們常與子女進行有效的相互溝通，透過「有商有量」的方式，來了解彼此的期望，以達致雙方都滿意的要求。至於在「教誨」上，他們能做到「察言觀色」──當子女遇上困難時，會主動關心他們；並以循循善誘的語氣，與子女一起探索問題所在，以協助他們有效地解決問題。特別是，當子女遇上情緒困擾時，能予以諒解和支援！

(2) 曉管但唔曉教

　　這類父母在「管教」上，雖不及上述父母，但仍能與子女保持一定程度的溝通，以達致對子女之「適度約束」。不過，他們就「只曉管」而「唔曉教」，只偏向「管束」子女，而鮮有關心他們在生活或學習上，所遇到的問題或困擾，更遑論予子女「適當教導」！

(3) 唔曉管卻曉教

　　在「管教」上，這類父母對子女較傾向「苦口婆心」的「教導」；但對於其言行，則較少「約束」！有時候，更顯得有點「放縱」！譬如說，有些父母，為了滿足子女的購物慾，往往任由他們把「零用錢」揮霍，而不加管制。這種因「溺愛」以至於對子女的「放縱」——後果堪虞！

(4) 唔曉管亦唔曉教

　　這類父母在「管教」上，不是對子女過於「嚴厲」，便是過於「寬鬆」，以致「嚴寬失度」，如俗話說：「一時一樣」，令子女難以適從，往往較易使他們作出反叛行為。例如：「頂撞」父母、拒絕與父母合作某種事情等。

　　綜觀而言，在「管教」子女的問題上，筆者建議，宜採取「嚴寬適度」方式。譬如說，對於子女的日常生活瑣事，

宜抱持「少管少理」的態度，以便他們有足夠空間，從中學習自我照顧、自我成長！當然，若察覺到子女的言行出現偏差或異常，便應及時主動關心他們，並給予適當的協助；如有需要，更應尋求專業人士的輔導，從速解決問題！

　　有道是：「樹叉不砍要長歪，子女不教難成材。」亦有曰：「事雖小，不做不成；子雖賢，不教不明。」深明此理者相必知曉，在「管教」子女的問題上，如何做到「管」與「少管」、「教」與「少教」——中間落墨！

教養
「小貼士」！

管教嚴寬需有度，
教養子女勿縱容。

(2) 淺談「管教原則」

昔日，筆者對爸媽們給子女的「管」與「教」，曾作出「四個層面」或情況來解讀，即：「曉管曉教、曉管但唔曉教、唔曉管卻曉教」，以及「唔曉管亦唔曉教」。

顧名思義，「曉管曉教」的父母，值得其他類別的父母借鏡、學習；好讓他們在「管教」子女上，能做到「嚴寬適度」、有所依據。哪有甚麼「管教原則」，可供進一步參詳呢？以下所述，讀者諸君，不妨考慮。

獎罰分明

在管教孩子上，或多或少，父母總會運用不同程度的「獎勵」或「懲罰」。倘若運用不當，將會給孩子一些錯誤的觀念或印象。

是故，父母宜堅守「個人原則」，好讓孩子知道「無機可乘」！一般來說，喜歡「討價還價」的父母，若常常給孩子「讓步」，將來孩子出現「偏差行為」的情況，將會更多！

另一方面，當孩子犯錯時，是否需要給他們「處罰」，也是令父母感到「頭痛」的事情！事實上，「處罰」孩子的

方式很多，較常見的有兩種。一，把痛苦加諸孩子的身上，例如：打罵；二，把經常給孩子的事物移走，例如：平日對孩子微笑，若他做錯了事，便給他「板臉」，把「笑臉」收起來。一般來說，第二種方式會比較好；而第一種方式，則可能導致孩子對某種事物，產生害怕或厭惡，例如：他不吃飯就打他，很可能會使他更討厭吃飯；甚至，以其他行為（如：欺騙、說謊等）來逃避責罰；又或者，會使孩子模仿父母的「侵略行為」。因為，他會覺得，當他長大後，或等他有一天比較有力氣時，便可以用「打」的方式，來使別人「順從」！

對於「處罰」孩子，筆者提醒父母，宜「慎用」之！譬如說，對年紀較小的孩子來說，「抽離現場」──是可採用的「處罰方式」。這樣，孩子的「負面行為」，便不能持續，情緒也能慢慢恢復過來。而對於年紀較長的孩子，只要沒有危害孩子的「人身安全」，適度的「處罰」，是可讓他們嚐到不遵守規則的後果；從中，可教導孩子，學會「負責任」。

無論怎樣，最重要的，是要使孩子明白──雖然「處罰」他，但也是為了「愛錫」他，以免「重蹈覆轍」。

至於「獎勵」方面，筆者建議，宜善用「具體獎勵」。當處理孩子「負面行為」時，還可運用「增強原則」（代幣制度）──對好動、過動的孩子，也很有效。例如：可與孩子約定，若他坐 15 分鐘都沒有跑來跑去，便可得到一個「小

星星」；累積 7 個，便可換取一樣他一直想要的東西。這樣，讓孩子有了努力的目標，便可「循序漸進」——給他塑造期望的行為。

要注意，在使用「獎勵」時，應儘量避免「物質獎勵」，以免孩子要求越來越高；若迫不得已使用，宜採「漸進式」，不要讓孩子太快獲得「獎勵」。因為，行為的養成需要一段時間，太快獲得「獎勵」，誘因便會變弱，行為修正的成效，便欠理想！

若用「精神獎勵」——即「口頭獎勵」，則要留意「用語」，宜針對其行為表現，而非性格！例如：父母最好不要對孩子說「你好乖」，而是說「你這 15 分鐘都沒有亂動，表現很好、有進步，繼續努力！」

總而言之，父母必須要孩子知道一些「行為準則」——怎樣做才對？怎樣是錯？特別是，他被「責罰」的原因；從中，培養孩子的「是非觀」，進而讓他學習「自我克制」，以便將來適應社會上的生活。

訂立規範

父母宜先給孩子「規定」，讓他們有所遵從。譬如，對於年齡較小的孩子，所訂的「規範」要「具體清楚」；若用模糊的字眼，孩子是很難做得到的。例如：不宜跟孩子說「你要乖」，應說「玩完玩具要收好」。這樣，他們才會明白，才能做到。

至於在「訂立規範」時，要讓孩子「一同參與」——共同「訂出規範」；並利用孩子能看懂的文字，或圖案，具體地列在紙上。雖然，孩子並不一定能完全遵守所訂的「規範」；但是，至少也可給他們「提醒」！

最後，在「訂立規範」時，也可附加若未執行的「處罰方式」。總之，「訂立規範」時，要注意「合理性」！

轉移注意

當孩子「發脾氣」時，父母不宜跟著他「發脾氣」，在問題點上跟其「不斷糾纏」！此時，不妨試試，把孩子的「注意力」轉移。平日，父母宜多觀察孩子的喜好，才能得知有哪些事物，可轉移其注意力！

防患未然

有時候，父母帶孩子去逛百貨公司，他們以為也可趁機買玩具；倘沒買的話，便會在百貨公司哭鬧、賴著不走！其實，父母若事先估計孩子的可能反應，便應事先告訴他們，那只是逛一逛，並不會藉此買玩具。換言之，若能事前，考慮可能發生的情況，並設想解決方案，亦可降低孩子出現「負面行為」的機率！

獎罰分明好父母，
曉管曉教兒女好。

(3)「無為」教子

　　常言道：「望子成龍，盼女成鳳。」這句話，道出了為人父母者，對子女的「期望」；也可以說，是父母對子女的一種「信任」與「動力」！本來，這是「人之常情」，也屬「無可厚非」的事！但可惜的是，有不少父母，往往濫用了這一「期望」！於是，培育子女、期望子女——便成為了父母的一種「個人負擔」，也逐漸成為了孩子的「精神包袱」！嗚呼哀哉！最糟糕的：甚至是，某些父母對子女的「期望」過高，竟不自覺地令到自己的孩子——越教越笨、越學越蠢！說句「諷刺話」，真是「好心做壞事」！似乎，這意味著父母對子女「過多」的「學習干預」，並非是好事！也許，父母需另覓另一「教子良方」——無為教子，可能是另一「出路」！讀者諸君，不妨參詳以下觀點。

何謂「無為教子」？

　　老子的《道德經》有云：「民之難治，以其上之有為，是以難治。」何解？簡略而言，民眾之所以難治理，是因為在上位者，處事「朝令夕改」——太多「干預」，以致民眾難以適從、難於管治。這好比某些「望子成龍、盼女成鳳」的父母，他們對子女的「所作所為」，名符其實可稱之為「怪獸父母」！譬如說，他們不是在星期一三五，要求子女「學

東學西」；便是在星期二四六，為子女「密麻麻」地安排「學南學北」，以致子女疲於奔命、倦容滿面！試問：那些學習活動，真的是子女因自己感興趣而想學習嗎？對子女有「實用價值」否？抑或，只是父母「一廂情願」，對子女栽培的「投射」（projection）、寄望⋯⋯

平心而論，若想子女在學習上 —— 學得輕鬆、學得有效，以至「學以致用」，不妨嘗試採用「無為教子」法。哪「無為教子」的意思何在呢？

依筆者淺見，所謂「無為教子」，不是指「放任式」教養 —— 甚麼都不做！或，俗語說：「Hea 住做！」如：有人在參選領導的政綱上，揚言要「與民休息」云云！反之，真正的「無為教子」，是換一種方法，換一種角度來教養子女。譬如說，父母可按子女的「學習喜好」和「志趣」作「出發點」，並按子女的個人「潛質、潛能」和「實際能力」，來

給他們學習機會；而不是「胡亂妄為、妄加干預」；或採「漁翁撒網」方式，給子女「學東學西、學南學北」……以致子女消耗不少精神體力，來學習或參與一些不必要的課程或課外活動；甚至，是子女不感興趣的學科！

　　換句話說，無為教子——恍如孔子所提倡的「因材施教」主張。如子曰：「受業身通者七十有七人，皆異能之士也。德行：顏淵、閔子騫、冉伯件、仲弓。政事：冉有、季路。語：宰我、子貢。文學：子游、子夏。」從這一記述中，完全可說明了孔子能依據其學生的「個別特性」和「能力」，來加以「教誨」——體現了「因材施教」的真諦！不然，學生在同一師下，又怎能散發異彩呢？

無為教子 —— 恰似孔子所主張的「因材施教」，就是根據子女的不同「心性、愛好」和「志趣」，採取不同的教養方式，不作「不必要」的學習安排和干預。而在教養子女的過程中，父母宜多「設身處地」為子女著想 —— 輔助和引導子女，從其感興趣的學科或課程，作學習取向，並予以他們鼓勵和支持！

　　俗語話：「龍生龍，鳳生鳳，老鼠生兒會打洞。」無為教子 —— 要做到的，就是：不管是老鼠的兒子，還是龍的孩子，都能依其「特性」和「材質」，施以不同的培育。最終的結果，可能是 —— 老鼠的兒子，不一定只會「打洞」；也許，會變成 —— 龍鳳！

教養「小貼士」！

**無為教子新路向，
因材施教樂洋洋。**

(4) 淺談「家校合作」

　　「家校合作」（Family-School Partnerships）——顧名思義，是指「家庭與學校」之間的「合作」。這是多年前，政府推行「教育改革」的其中一「重要環節」。它亦意味著，在教育子女的過程中，父母應充當一定的角色、肩負相當的責任，與校方衷誠的合作，才可收「相輔相成」之效，使子女在健康的學習環境下，得以「健康成長」和「全人發展」！

　　然而，怎樣推行「家校合作」，使它行之有效，而不致留於「形式化、表面化」和「概念化」呢？日前，筆者就此課題，特走訪了全港直資名校——英華小學：林浣心校長，向她探索對「家校合作」的觀點！

素有「史諾比（Snoopy）校長美譽」之稱的林校長，當筆者邀請她講講對「家校合作」的「睇法」時，她展現出「慣常燦爛」的笑容，開宗明義地指出：「『家校合作』能否成功推行，取決於『家長與校方的態度』，以及『校長如何看待家校合作』？」她續說：「家長認同『學校信念』，是推行『家校合作』的『首要關鍵』。當家長認同學校的信念，自自然然會較易『支持』和『配合』校方所推行的各項措施、學習和課外活動。當中，學校『如何傳遞信息予家長』，也是關鍵之一。」以英華小學為例，她笑稱：「校方雖不定時透過『內聯網』發放信息予學生家長，但亦會同時通過班主任，向學生講述學校的信息，或派發『通告』，並要求和鼓勵學生，把信息或通告，傳遞給家長。學生接收到班主任的指示後，會視之為『任務』；他們絕大多數，都能向爸媽轉述校方的信息……這個過程，學生恍如『學校』與『爸媽』的橋樑。很多時候，家長會感受到，若孩子投入於學校生活，往往會表現出『熱情』和『興奮』的心情，也自然而然受到孩子的感染和影響——喜歡學校，自然樂於與孩子，一起參加學校活動。像該校舉辦過的活動，如：全校師生家長齊戴泳帽，一起刷新『健力士世界紀錄』；親子天才表演：綠白大賽；籌款活動：英華行；盆菜宴等等。這些活動，都反映出學校透過各『持份者』來發放信息，使『家校合作』得以落實執行。」

另一方面，林校長強調：「『家校合作』能否順利推展，另一重要關鍵，就是校內有沒有成立一『具效率』的『家長教師會』（簡稱『家教會』或 PTA）？」談及該校的 PTA，她便大讚 PTA 的家長委員，不但「主動地」協助校方，籌組各項活動；而且，還組織其他家長，成為「家長義工」，一起推動學校活動。以探訪活動為例，該校的六年級學生，每年都會由 PTA 家長委員和家長義工，帶領他們到深水埗區內，探訪「獨居長者」，以培育學生「敬老」和「關懷長者」的精神！她補充，這些活動得以順利推展，全賴「家長」無私的奉獻，與校方攜手合作，一起推動！

　　說回「家校合作」的「靈魂人物」 —— 校長。「校長如何看待『家校合作』，是推行『家校合作』的成敗關鍵！」這是林校長對「家校合作」的其中一個觀點。對此，筆者認為，若把學校比喻為一企業：校長的角色，便好像 CEO（行政總監）；而老師，則像 Managers（經理／管理人）。一個企業的業務，是否「可持續發展」（sustainable development），要視乎 CEO 能否予 Managers 清晰的方向、可行的策略和方案等？如是者，才能使業務做起來 —— 事半功倍、水到渠成！同樣，「家校」能否衷誠「合作」，校長的「態度」和「領導」，以及對老師的「要求」，尤為重要！對此，林校長道出對老師的「工作要求」。她指出，老師除了要做好「教學工作」外，還須好好照顧每一學生，對他們有一認識，以便與家長保持溝通，使彼此間攜手合作，引導孩子「學習」與「成長」！

總的來說，透過「家校合作」，使孩子在學習和成長的過程中，得到爸媽和老師適當的引導⋯⋯當中，家長的角色，絕對不能缺少！對此，林校長提出，若想培育出「好孩子」，家長宜做到以下幾點：

(1) 培養孩子：良好的閱讀習慣。
(2) 父母與子女間，需有「優質」的「相處時間」。
(3) 當子女身處父母的「朋友圈」時，那些朋友須具有正確的「價值觀」，使孩子易於適從。
(4) 留意子女的「朋輩」影響。

「今朝培育我兒童，明日社會主人翁。」說到底，父母在培育子女的過程中，宜採取「積極」和「主動」的態度，與校方多些接觸、溝通、參與⋯⋯這樣，才能使「家校合作」，得以順利推行，達到預期的理想目標。

教養「小貼士」！

携手培育好兒童，
家校合作成效高。

(5) 校外的「灰色地帶」——褓姆車

　　曾在一場合，聽見一班家長在閒談中，互相傾訴對「褓姆車」的意見……他們不是說：某些褓姆的態度惡劣（如：對家長「粗聲粗氣」；於行車途中，謾罵學童），便是指某些司機在車廂內，常說「粗言穢語」；更甚者，為貪方便而經常開車「衝紅燈」云云。

　　莫道那些家長所指的情況是否屬實，即使較之「差勁」，相信也屬冰山一角——個別事件。然而，這使筆者聯想到，學童褓姆車——乃學校「難管得到位」，或「難監管得好」的環節，以致它們對乘車學童，帶來若干「難以控制」的衝

擊或薰染（如：在車廂內，個別學童受到其他級別學童的不良影響，習染了不良的言行而不自知、駕車衝紅燈等！）這正是筆者所指或擔心的，那是校外的「灰色地帶」。哪何謂「灰色地帶」？

以筆者所知，「灰色地帶」應是目前「無法定義」，或「暫時無法規範」的部分。譬如說，儘管法律規範再嚴謹，也有讓人「鑽漏洞」的地方。簡而言之，無法以法律加以規範的部分，都可視之為「灰色地帶」。

借用「灰色地帶」的說法，來形容校外「難以監控」的「褓姆車」，是想藉此提醒爸媽，如果發現孩子的「言行」有所偏差，有時候，有機會是從「褓姆車」內習染而來的，正如先前所述。哪如何是好？

首先，父母應向子女探問箇中因由，如果發現事出所指的「褓姆車」，便應向其班主任反映，以便校方作出適當的「介入」和「處理」。當然，如校方有成立「家長教師會」（簡稱「家教會」），便可向「家教會」反映，以便他們作出「調查」和「跟進」……這些都是「補救性」的處理方法，屬「治

標」取向。此外，若想確保乘車學童，在車廂內免受不良渲染，長遠來說，家長可促請校方，採取一些「預防措施」或「做法」，例如：

(1) 為「褓姆車」作出「行車指引」，使他們「有一依據」來遵從辦事。

(2) 嚴格篩選「褓姆車」經營者，達標者才可選用。如：要求他們保證其所聘用的「司機」和「褓姆」，受過「特定訓練」，具備一定的「個人質素」，以配合學校的方針。

(3) 設立「扣分制」。譬如：「褓姆」或「司機」於車廂內的「言行」，若對學童帶來不良影響而遭家長投訴……經校方「立案調查」屬實後，可給予經營者「扣分」，累積至一定分數，便取消其「褓姆車」經營合約，以收阻嚇作用。這樣做，是希望鼓勵經營者，嚴格挑選和監管「司機」與「褓姆」的言行，確保其質素，以至服務，令使用者滿意！

《左傳‧僖公九年》亦云：「公家之利，知無不為，忠也。」意思是指，對公家有利的事情，只要知道了，就沒有不去做的，這就是忠。深明此道理的父母，相信已知曉，如發現子女的「言行」有所偏差，便應探索其導因……褓姆車——可能是誘發問題的所在處！若果真如此，為公為私，父母應向學校反映，共同處之，以正孩子的言行！

教養
「小貼士」！

子女言行宜留神，
褓姆車內勿輕心。

(6) 學做「高質」好爸媽

常言道：「父母是孩子成長的第一任老師。」因為，自古以來，人們便深知道「家庭生活教育」（Family Life Education）對孩子成長的重要性。

從孩子接受教育的過程來看，「家庭生活教育」是最早、時間最長、影響最深遠的教育。一個人從出生到成人，都離不開家庭的教育和影響。譬如說，父母的「一言一行、一舉一動」，對子女都有著「言傳身教、陶冶性情」和「潛移默化」的作用。因此，父母應努力培養自己，成為「高素質」的爸媽，使子女有「良好榜樣」，從中學習、健康成長。那麼，父母怎樣做才「恰到好處」呢？以下建議，爸媽們不妨參詳。

（一）「高素質」的父母，是把孩子的「健全人格」和「良好品德」放在首位的。

他們努力培養孩子「追求卓越（pursuit of excellence）、獨立自主（independent）、持之以恆（persevere）」和「勤儉節約（diligent and efficient）」等「品德個性」和「良好習慣」。是故，「家庭生活教育」中對子女的「品德個性」，可從以下五方面來培養：

(1) 追求卓越

譬如說，當與孩子釐定「學習目標」時，可與他們討論「期望成績」或「理想目標」，並因應其「能力所及」，鼓勵他們嘗試邁向「更高目標」，作出「自我挑戰」。一個「能力所及」和「高而可達」（high but achievable）的目標，不但可加強孩子的「學習動機」，更可以激發孩子的「向上力」，使其所學更臻完善。有道是：「志存高遠，其道大光。」便是這種體現。

(2) 獨立自主

每個人，都是「獨立個體」；也可以說，「獨立」是上天賦予人類的天性。就此而言，父母宜發掘孩子自身「獨特之處」；然後，作出「重點培育」 —— 使其潛能得以發揮！再者，從日常生活中，依據孩子的能力，放手讓他們學習「自我料理」，從中培養他們「獨立自主、自我照顧」的能力。

(3) 持之以恆

自古至今，絕大多數成功人士，都是不輕易言敗、不輕易放棄理想的堅毅者、奮鬥者。他們能憑著堅強的意志，克服重重困難；雖「屢戰屢敗」，但仍然「屢敗屢戰」，最終取得成功！父母宜以此借鏡，向孩子多作灌輸，使他們認識到，凡做任何事，若想成功，都要「持之以恆、堅持到底」！當然，父母能鼓勵孩子「有則改之，無則加勉」，至為重要！

（4）勤儉節約

《朱子‧治家格言》有云：「一粥一飯，當思來處不易；半絲半縷，恆念物力維艱。」這句話，正好說明了，「勤儉節約」的重要性。因此，父母宜培養孩子從小要愛惜糧食、玩具和器物，體恤勞動的艱辛；不暴殄天物，不浪費的「良好習性」。這些「優良品質」的養成，對孩子來說，將會終生受用！

（5）良好習慣

「良好習慣」是從日常生活中，一點一滴培養出來的。所以，父母應讓孩子從小養成良好的習慣；這樣，習慣便會成自然、成定式。以後，孩子自然而然便會表現出良好的行為。事實上，培養孩子的習慣，可以從三方面著手，包括：生活習慣、學習習慣和思維習慣；其中，以「生活習慣」為基礎。

（二）「高素質」的父母，是永遠保持「年輕心境」的。

他們懂得，把童年、童心還給孩子，讓孩子能輕鬆、自由、愉快地成長。他們就像回到自己的童年時代一樣，盡情地與孩子一起玩耍，一起成長。同時，他們也盡可能尊重孩子的興趣和愛好，讓孩子按照自己選擇的方式去活動、去行事，並適當地給予指導。

（三）「高素質」的父母，是善於發掘孩子的「天賦、潛能」與「特長」，並加以培育的。

如以上所述，每個孩子都具有「獨特之處」，這就是其「天賦」與「潛能」。孩子來到這個世界，必然有其存在的「價值」和「無限發展」的可能性。因此，當孩子面對困難或挑戰時，父母宜對孩子多作「鼓勵、打氣」，如輕拍他們的肩膊說：「爸媽相信你，一定做得到！」這種激情澎湃的聲音，無疑是推動孩子，克服困難、繼續前進的強大動力；這動力，往往能創造出，意想不到的奇跡！

（四）「高素質」的父母，是以「大朋友」的「平等身份」和「民主方式」來對待孩子；而不是，以長輩的身份，來壓制孩子；甚或，以體罰來教訓孩子的。

為甚麼呢？因為，當父母以「平等」和「民主」的方式來教導孩子，給他們選擇的機會和解釋的權利，孩子往往更容易接受父母的教導和意見。

（五）「高素質」的父母，是有著和諧的家庭關係，能「以身作則、一諾千金」的。

從心理學的觀點來看，人類的行為可通過「模仿」（imitation）塑造而成，這也是孩子最基本的學習途徑。所謂「耳濡目染」和「潛移默化」，正是這一寫照。因此，父

母的榜樣，在孩子的成長過程中，起著強烈的刺激作用——父母的「好習慣」與「壞習慣」，都會直接影響到孩子的成長，以至現在和日後的言行。

譬如說，父母希望孩子學會「對人有禮」和「尊重別人」，他們本身也必須在日常生活中，向孩子展現出個人有這種慣性。可以說，這是為人的「基本素養」，也是「家庭生活教育」的重點所在。因為，只有「尊重別人」，才能贏得別人的尊重，才能建立和諧的人際關係。如《孟子・離婁下》有云：「愛人者，人恆愛之；敬人者，人恆敬之。」

說到底，有怎麼樣的孩子，便反映出，有怎麼樣的父母！孩子的教養好壞，正是父母的真實反照！如何克盡「親職」，給子女良好教養？冀爸媽閱畢此文後，有所啟悟！

教養「小貼士」！

升呢爸媽教養兒，
言傳身教為重點。

(7) 好爸媽的「7句良好慣用語」

眾所周知，良好的「習慣」，可以使人做起事來「條理分明、有規有矩、井井有條」── 事半而功倍；相反，不良的「習慣」，可以使人待人處事，顯得「雜亂無章、無規無矩、不知所為」── 事倍而功半；更甚者，草草收場、事敗終結！

是故，在孩子成長的過程中，培育他們養成「良好習慣」，尤為重要！而爸媽在這方面需下的工夫，較老師更為重要！因為，父母的「一言一行、一舉一動」；甚至，他們的「好壞習慣」，對孩子 ── 能否健康成長？能否建立健全人格？都起著深化和關鍵作用！哪爸媽可以怎樣做，才「恰到好處」呢？以下建議，爸媽們不妨參詳：

(1) 我愛你

傳統上，中國人的言行都較西方人含蓄和保守，故常把對親人的感受、愛意，埋藏於心裏、不會明言！甚至，家庭也沒有這一慣性、文化，認為對家人說「我愛你」，會感到「尷尬」！時移勢易，若爸媽們仍存著這一「想法」和「做法」，宜作出改變，以免窒礙親子間的關係發展，以及孩子的成長！因為，當孩子常適時聽到，爸媽對自己說「我愛

你」，除內心會感到溫暖外；最重要的，是他們可從爸媽身上，學會表達對親人，以至所愛的人的關愛。若爸媽覺得，那真的「難以啟齒」，不妨可改一改口吻，說「我喜歡你」或「我鍾意你」……

（2）去做吧！加油！

當孩子面對任何困難、問題或挑戰時，往往易產生畏縮、逃避，不敢迎難而上！此時，若爸媽能在旁給予孩子鼓勵和支持，對他們說句：「放膽去做吧！加油！爸媽支持你！」這句話，所產生的妙用，相信也不用多說，想像得到！

（3）我為你感到自豪

很多時候，有些爸媽要看到，孩子在「學業方面」取得

較佳的表現時，才給予表揚或讚賞，以致孩子常缺乏了「認同感」或「肯定感」，影響到「自信心」的發展！其實，只要孩子「盡了力」——做好每件事；甚至，只是幫了同學一個「小忙」，或給老人家「讓座」，爸媽都可以對孩子的表現，說句：「你做得好好，爸媽對你的表現，感到自豪！」如此這般，孩子便能在爸媽的「認同」和「肯定」下，逐步建立「自信心」，對其學業，以至日後的事業和社交發展，起著催化作用！

（4）我相信你能

對於許多人來說，童年和青春期，是「自我懷疑」（self-doubt）的時期。譬如說，孩子會反問自己：我有能力嗎？如果我失敗了，人們會怎麼看我？我有甚麼需要呢？為甚麼我不能像小明一樣聰明，或者像小強一樣受歡迎呀？這

些都是孩子們，反問自己的問題。而在他們的「自我懷疑」中，他們最需要的，是爸媽能成為他們的「忠實擁護者」，他們的「熱心粉絲」！此時，爸媽若能在孩子旁，聆聽和解答他們的疑問，向他們說句：「孩子，我相信你能！」這句話，雖說簡單，但對孩子所產生的鼓舞作用，相信亦不言自明！

（5）對不起

　　中國傳統的觀念認為，父母所做的一切，都是為子女好的，應毋庸置疑，也絕不會錯；即使有錯，也是無心之失，故毋須認錯，更遑論向子女道歉！否則，便會損害父母的尊嚴！然而，時至今日，這種育兒的觀念或態度，還行得通嗎？打個譬喻，如果爸媽在責備孩子時，因「過火」而說了一些「不友善」的話，不難想像孩子會多「難堪」！此時，若爸

對不起…

媽在「息怒」後，能馬上向孩子道歉，說一聲：「對不起，我不應該這麼說。孩子，你會原諒我嗎？」孩子聽到此話後，相信也會「釋懷」！

其實，向子女道歉，沒有甚麼「不對勁」，也並非「醜事」！相反，爸媽若能在犯錯時，向子女展現承擔責任，使子女領悟其中的道理，更為重要！如常言道：「人非聖賢，孰能無過？過而能改，善莫大焉。」反之，「有過不改，是謂過矣。」

(6) 孩子，能告訴我，哪是怎樣操作的嗎？

有時候，孩子會比爸媽更了解某些事情。例如：社交媒體、音樂，或互聯網營銷等。此時，若爸媽能視孩子為「小老師」，向他討教，如說：「孩子，能告訴我，哪是怎樣操作的嗎？」當孩子感覺到，爸媽對其嗜好、興趣、專長等感興趣；他們也會感到，自己受到爸媽的「重視」和「尊重」，這對建立和諧的「親子關係」，起著積極作用！

(7) 我會在這裏等你

隨著孩子的成長，他們想要更多的「獨立性」。他們希望，能自由地做出選擇，制定自己的路線……此時，爸媽可能開始覺得，孩子好像不想與他們有任何關係；但是，事實並非如此！他們只想，做自己想做的事情……

因此，當孩子已踏入青少年時期，爸媽宜給他們多些機會，為自己的事情多做選擇、決定。畢竟，他們將在短短幾年內便成年，讓他們學習為自己的選擇而負責、承擔後果，從而建立「自主」和「負責任」的態度，不是更好嗎？不過，爸媽宜向孩子也補充一句話：「我會在這裏等你。」如能這樣，孩子便會知道，即使將來情況艱難，爸媽都會在這裏，隨時給他幫助，令他更加放心地去嘗試做事！

　　說到底，「勿以惡小而為之，勿以善小而不為。」這句三國時期劉備對兒子劉禪所說的話，正好說明了，人們如時常做「小善」——也將可成「大善」！爸媽良好的「慣用語」，道理亦然！

教養「小貼士」！

**好言教養子女良，
健康成長兒女享。**

(8) 大富也需「窮孩子」

曾聽過一句說話，叫做：大富也需「窮孩子」！也許，有人會疑問：「生活已富起來了，為何不好好滿足孩子的訴求或需要呢？只要能力做得到，讓孩子的生活好過些，哪有何不妥？難道，要孩子在逆境或苦難中成長嗎？」

上述言詞，反映出大多數父母愛護子女的心聲 —— 屬「平常事」，是「無可厚非」的事，也是「人之常情」！

然而，筆者想指出，當父母在滿足子女的訴求或需要時，有否考慮到滿足子女的需要 ——「事小」，但對其「成長」的影響好壞 ——「事大」？一個孩子，在沒有學習「付出」和「努力」的情況下，隨隨便便向父母「講句話」，便可得到父母的給予而獲得所需；這種「飯來張口、錢來伸手」的教養子女方法，對其「人格」和「智商」的發展，起著「負面影響」。何解？

理由很簡單，這叫做「不勞而獲（自己不勞動而佔有別人的勞動成果）、坐享其成、坐收漁利」。這種「不以為意」 ——「好心做壞事」的教養方式，委實窒礙了子女學習「自食其力、自力更生」和「自強不息」的機會，倘子女日

後面對逆境，便欠缺了「意志力」（will power）來面對困難、克服劣況！

談及「意志力」，它蘊含著甚麼意思呢？

根據《辭淵》的解釋，「意志」是指「心」的一種作用，就是以「思慮」來做「選擇」和「決斷」；至於「力」，當用作「名詞」時，可解作「使物體運動」，或靜止，或改變方向的作用；而當用作「動詞」時，則解釋為「用力」或「能力」。這裏所談及的「意志力」，就是指一個人，透過「思慮」來做「選擇」或「決斷」的一種能力。

筆者在此強調，所謂「大富也需『窮孩子』」，只是借此提醒父母，應盡量提供多些磨練的機會，讓孩子從中培養「解決問題」的能力，以建立「自強」的性格；而不應只側重子女的「學業成績」。需知：無論是個人，還是國家，「自強」才能發展至「自立」。「自強」——就是發揮自身的「能力作用」，努力向上、奮發圖強！正如《周易・乾・象》所示：「天行健，君子以自強不息。」（意即：天體運行剛健不息，有才德的人應該像天體運行那樣「自強不息」。）《孟子・告子下》亦云：「生於憂患而死於安樂。」至於孔子，更讚賞「剛毅」的性格，他自己就是一個「發憤忘食、樂以忘憂」的人。由此可見，「自強」的素養對孩子的「人格塑造」與其「學業」，以至將來的「事業發展」，起著催化的作用；也可以說，是當今為人父母者，有可能忽略的課題！

唐人李咸在其《送人》的詩中說得好：「眼前多少難甘事，自古男兒當自強。」「自強不息」的精神，已成為中華文明得以綿延千載、生生不息的精神動力，也是人生應有的「昂揚向上」的精神狀態。深明此道理的父母，相信他們已知曉：如何對待孩子「慈愛有度」── 中間落墨！

教養
「小貼士」！

**愛護子女需有度，
磨其意志值更高！**

(9) 給子女「財富」的啟示

　　近日，在網上翻閱資料，無意中得知，筆者有一年紀老邁的學員，於年初因病不幸辭世；其丈夫早於三年前，亦因病撒手塵寰！本來，生老病死，是絕大多數人必經的階段，所謂「常者有盡，高者必墮，合者有離，生者有死」。這些都屬「自然」和「平常」的事，也沒有甚麼稀奇！更何況，他們亦年過八十，可謂「壽終正寢」、「福壽雙全」，應沒有甚麼遺憾吧！然而，他們的離世，卻使筆者頓感唏噓！也使筆者聯想到，他們所留下以數十億計（甚至百億計）的「豐厚家財」，對子孫起了多少作用？對現今的父母，所給予子女的一切，又可帶來甚麼的「啟示」呢？

　　誠然，父母愛子女之心「無微不至」，能為子女做的，能給子女的；絕大多數父母，均毫不猶豫地「樂意而為」。譬如說，為子女投保「教育基金」，為子女買房、買車、儲備……形形色色、各適其適，為子女安排妥當，彷彿擔心子女——將來沒有「能力」或「伎倆」來求生！試問：這對子女的成長，真的起到作用嗎？會不會就此對子女的將來發展，造成「反效果」或「阻礙」呢？何解？因為，父母既然已為子女備妥一切，那子女們又何需為「前途」，或為「生活」而「努力」、「奮鬥」？如常言道：「飯來張口，錢來伸手。」正是這一寫照。

平心而論，父母為子女留備若干財富，以便他們將來的生活──「好過」一點、「安樂」一點，本屬「平常事」，也是「無可厚非」！然而，關鍵在於父母，於子女的成長過程中，有沒有向他們灌輸正確的「金錢觀」？有沒有教導他們「理財之道」，以至於「善用金錢」，而不致造成「揮霍無道」？

　　對於「財富」，清朝名臣林則徐有句名言，可供讀者諸君參詳。林則徐有云：「子孫若如我，留錢做甚麼？賢而多財，則損其志。子孫不如我，留錢做甚麼？愚而多財，益增其過。」意思是指：「子女若有才有德，又何需家長操心費勁？多留財產給他們，只是減低他們的志向而已。子女若無才無德，縱有萬貫家財，也會被揮霍一空，甚至招來禍害。」

由此可以推論，子女繼承父母所留下的「豐厚家財」，對他們的「自我奮鬥」，未必是件好事；有時候，有機會成為其「成長障礙」！

　　倘若他們用不得其所，便有可能消磨其「志氣」；更甚者，種下禍害的根源。若果真如此，真是「嗚呼哀哉」！筆者曾親睹某些「富二代」，不但「不思進取」，繼承家業；反而「安於現況」，過著「頹廢喪志」，或「揮霍無道」的生活……說白一點，他們只願承先輩的「財富」，並非其一手所創的家業吧！

　　說到底，嚴是愛，寵是害。經驗引證，真正高明的父母，是把優良的「思想品德」和「良好作風」留給子女，並非只是「財富」。換言之，培育子女「才德兼備」，使他們終身受用，才是留給他們一筆最寶貴的財富！

教養「小貼士」！

**記取嚴愛寵是害，
育才育德最應該。**

(10)「優秀」原是「習慣」，不單是一「追求」！

　　昔日，有位讀者發電郵向筆者詢問：「怎樣才可以培養出『優秀』的孩子？」

　　就此問題，筆者認為，追求「卓越」或「優秀」（in quest of excellence），不單是某些人的一種「欲望」；而是，他們的一種「習慣」，一種「自我要求」的「個人特性」。這種「特性」，往往表現在個人的「學習、處事」和「待人接物」等各方面。是一種，凡事都會「克盡己任、盡力而為」──「做到最好」的一種「傾向性」，以至表現出「積極、認真」，事事尋求「更臻完善」的一種「生活態度」！可以說，它是成就一切事物的「先決條件」。甚至，可以把「不可能」（impossibility）變成「可能」（possibility）！

　　換句話，要培養出「優秀」的孩子，爸媽們絕不能，或不宜在「物質」上，給予孩子「太多」，以免他們養成「不勞而獲」的習性，削弱了孩子「力爭上游」的動力。所以，在教養子女上，仍是給予孩子「言傳身教」與「悉心引導」，最為重要；使他們把「學習認真」和「處事盡責盡力」，養成一種「良好習慣」。

哪怎樣做才恰當呢？以下一些建議，爸媽們不妨參詳：

（1）學做「好爸爸」，有助孩子「獨立成長」

生活中，有很多爸爸都會有意，或無意地說：「我的工作太忙了，顧不上孩子⋯⋯」就是這樣，很多爸爸都忽略了，或錯過了孩子的成長過程，以致「親子關係」變得疏離，委實可惜！

事實上，在子女成長的過程中，爸爸所扮演的「養育角色」，是十分重要的！他的「參與」越多、「份量」越重，孩子就越容易「獨立成長」。不難想像，爸爸大多不慣對孩子「包辦代替」；而是，較傾向鼓勵孩子 —— 獨立處理問題。而他對孩子的溺愛，也相對或可能，較其他親眷少。

是故，爸爸如能恰當地參與育兒，不但可以促進「親子關係」；還可以發揮「四兩撥千斤」的作用，一舉兩得！

（2）與孩子做朋友，建立「更具影響力」的「親子關係」

要建立「更具影響力」的「親子關係」，「高質量」的親子陪伴，是不可缺少的。對此，爸媽宜先從「放下手機、放下應酬」做起，主動找話題和孩子聊天⋯⋯譬如說，從一點點閒聊中，引導孩子說說「學習」與「同學相處」的情況；

鼓勵他們如有心事，把它說出來；尊重孩子各方面的選擇，只要那些選擇沒有害處便可⋯⋯

誠然，有效的「溝通」和「關心」，可以增進「親子感情」。過多的「責備」和「批評」，則會讓孩子不願意「開口聊天」。這兩點，爸媽們不可不知呀！

(3) 讓孩子「自己的事自己做」，以鍛鍊「獨立自理能力」和培養「責任感」

例如：吃完飯後，讓孩子幫忙收拾碗筷和洗碗；讓他們洗滌、整理自己的衣服等。這樣，可以從中鍛鍊孩子的「獨立自理能力」；也讓他們知道，作為家庭成員，應相互分擔家務，以培養他們對家庭的「責任感」。

此外，爸媽們還可從以下三方面著手，以培養孩子的「獨立能力」：

(3.1) 適當地「放手」── 啟發孩子，讓他們自己去想辦法，解決問題。

(3.2) 教導孩子──有效的「思維模式」和「判斷方法」，讓他們學會分辨事物的「對錯」與「利弊」。

(3.3) 鼓勵和引導孩子──讓孩子從失敗中，汲取教訓；讓他們在成長中，體驗「適當」的「挫折感」，以探知現實世界的「真實性」。當然，在孩子努力對抗失敗和挫折時，爸媽仍需給予他們「支持」和「愛護」。

(4) 引導孩子，為自己設定「目標」和「高標準」

爸媽們宜引導孩子，為他們自己設定能力可及的「目標」；並促其「自我激勵」，努力追求「更高標準」。何解？

因為，只有鼓勵孩子為自身設定「目標、抱負」和「遠大理想」，才能誘導他們為「目標」和「高標準」而努力；使他們「做事」和「學習」起來，能保持「認真、樂觀」的態度，以及具足「勇氣」，接受各種挑戰。正如諸葛亮於《誡

外甥書》所言:「志當存高遠。」意思指:具有遠大的志向,
是一個人走向成功的「先決條件」。此法亦然。

(5) 訓練孩子,具有「時間管理」的能力

　　一個優秀的孩子,必須懂得怎樣按「輕重緩急」和「優
先次序」來做事、來學習。這樣,才能按時按候,把「應該做」
和「需要做」的事情做好。

　　是故,爸媽們應向孩子灌輸這方面的知識,鼓勵他們加
以實踐,使其做起事來 —— 不慌不忙、胸有成竹;甚至,事
半功倍、水到渠成。再者,爸媽們也需培養孩子「守時」的

美德，讓他們贏取他人的信任和留下「好印象」，以助人際關係和各方面的發展。

綜觀而言，「優秀者」無論是成年人，抑或是小孩子，他們都具備一種「追求卓越」或「優秀」的特質 —— 做起事來，總會自然而然，表現出「主動、積極、有目標、有方向」；且善於「運用時間」，處事「井井有條」……若想培養出優秀的孩子，爸媽們宜先培養孩子，具備「優秀孩子」的「特質」，使其養成一種「自我要求」的「習慣」 —— 一種「追求卓越」的習慣，筆者暫且稱之為「優秀習慣」。久而久之，孩子在「潛移默化」的教養下，便習慣於做事認真、追求完備、不斷創新，使之「慣於優秀」！

正如中國近代著名的「改良主義者」 —— 康有為和梁啟超所言。康氏於《論語註》卷九有云：「德貴日新。」而梁氏於《少年中國說》亦曰：「惟進取也故日新。」前句解作：最可貴的品德，是每天都要更新。而後句則解釋為：只有不斷地進取，才會有不斷的創新。

由此推論，積極、進取、改良、創新 —— 是「優秀者」慣常的行為、習慣，也是一種「追求卓越」與「慣於優秀」的融合。相信，高明的爸媽已知曉，如何引導孩子養成「優秀習慣」，表現於學習和生活各方面上，使其最終，成為「優秀孩子」！

教養
「小貼士」！

培養優秀好孩兒，
習慣認真成自然。

(11)「良知」與「認知」

　　過去兩年，「新冠肺炎」肆虐，蔓延全球；幾乎每一國家和地區，都受到「疫症」的威脅，以致停工、停課、停航、封關……社會、民生和經濟，幾近癱瘓！雖然，近月香港的「疫情」稍為緩和，除了間中有零星感染個案外，「疫情」總算在控而漸趨穩定，暫沒有爆發的跡象！

　　然而，那邊廂雖暫時可「喘下氣」；但另一邊廂的「有心人」，卻唯恐天下不亂而「蠢蠢欲動」——仍想「照板煮碗」，策動「社會暴亂」，以「光復甚麼」，或搞「甚麼革命」；甚至，以「違法達義」為號召，以爭取其所謂的「民主、自由」和「公義」！有參與者更聽從某「政棍」的歪理，深信就算因參與暴亂而被「判刑」和「留案底」，也是光榮、無悔——令人生「更精彩」云云！

　　莫道他們的言行，是何等的荒唐？何等的匪夷所思？何等的歪理滿盈？這使筆者聯想到，究竟他們的內心，有沒有「良知」？對事物的是與非、對與錯，又有沒有正確的「認知」和「判斷」呢？對此，爸媽們又應抱甚麼態度，來培養子女具備應有的「良知」與「認知」，建立正確的「價值觀」？使他們不致於輕易「受人唆擺」，做出「傷天害理、損人不利己」的「蠢事」，以至「自毀前程」！

談及「良知」與「認知」，它們的意義何在？所涉及的範疇，又是怎麼樣呢？

根據《維基百科》指出，「良知」（conscience）或稱為「良心」，是人們辨別「對錯」的能力。由於「良知」的影響，當人們所作的與「價值觀」不相合時，便會感到自責！良知 —— 也可以視為人們在辨別「對錯」時，作為判斷的基準。

另一方面，《牛津字典》把「良知」解釋為，它是一種「出自內心」的聲音，隨時會警告我們，也許有人在盯著我們！比方，有「良心」的人，都會做他／她認為正確的事，如：「利人利己」或「利人不害己」的事；絕不會，做出一些「損人利己」或「損人不利己」的「傻事」，諸如：攬炒、堵塞公路、破壞公物、破壞店舖，煽動他人「以身試法」等惡行。

因此，有「良知」的人，做甚麼事都是憑「良心」——合法、合理和合情地去做；絕不會，好像那些「惺惺作態、砌詞狡辯」和「妖言惑眾」之輩！

至於「認知」（cognition）或稱為「認識」，根據心理學所示，是指通過形成概念、知覺、判斷，或想像等心理活動，來獲取知識的過程，即：思維進行信息處理的心理功能。認知過程 —— 可以是自然的，或人造的；有意識，或無意識的。認知 —— 是使用現有的知識，來產生新的知識。

不過，在認知的過程中，有時也會出現「矛盾」，產生「認知失調」（cognitive dissonance）。所謂「認知失調」，是指在同一時間，有著兩種「矛盾」的想法，因而產生一種不甚舒適的緊張狀態。到最後，為了改善該緊張狀態，因而改變自身的行為或想法，使自己相信該理念與行為間，是沒有衝突的。更精確地說，是指兩種「認知」中，所產生的一種不相容感覺。這裏說的「認知」，指的是任何一種知識的形式，包含：看法、情緒、信仰，以及行為等。

譬如說，有人因時薪過低或勞累，而相信自己熱愛工作；被眾人指責，是因為自己的錯誤；內心感到愧疚不願承認，而故作輕鬆。這些都是「認知失調」的典型例子。不過，最經典的例子，莫過於有人倡議──「違法」可以「達義」（達到公義）的「邪說」。何解？

眾所周知，任何人所作出的言行，如果觸犯了法例；姑勿論，是有意或無意，都需要接受法庭審訊，受到法律的制裁。相信，那倡議者一定「心知肚明」，不可能「扮無知」！因為，據說他是一熟諳法律的教育工作者。因此，不難推斷，他本身為了緩和或解決在「認知」上的失調狀況；於是，便透過「認知扭曲」（cognitive distortion），即：嘗試扭曲邏輯，把其「違法行為」合理化、美言化，以期達致心理上的平衡。

由此可見，要培養子女具備應有的「良知」，爸媽們本身，必先要有「正知、正見、正言、正行」，才能發揮表率作用。而所謂的「正」，是指對任何事物，宜抱持「正確」

的觀念和態度；絕不能——道聽途說，或以訛傳訛，人云亦云！這樣，才能伺機利用生活上的林林總總、點點滴滴，從「正反兩面」（good in bad and bad in good）；甚至，從「整體觀點」（holistic viewpoint），向子女灌輸「正確」的「價值觀」，以提升其「認知」能力。

如《管子·形勢解》有云：「聖人擇可言而後言，擇可行而後行。」意思是指：「聖人選擇可以說的話而說，選擇可以做的事而做。」換言之，爸媽們可教導子女——在說話前，要考慮它的影響；行動前，要考慮其後果。這樣，才會避免不必要的損失！相反，如在說話與行動之前，不經過「深思熟慮」，便可能帶來不必要的誤解或麻煩，後果可大可小！

說到底，高明的父母，想必知曉——如何伺機向子女，灌輸正確的「價值觀」，使他們的「認知能力」得以提升，從而建立應有的「良知」！

教養「小貼士」！

待人處事憑良知，
是非辨別靠認知。

第二章

識「管」識「教」

(1)「讚好」孩子

「肯定孩子的表現，讚賞時常掛嘴邊。」這句話，道出了父母對子女的表現，常給予「肯定」和「讚賞」！這種對子女的「正面評價」，絕對是好事。因為，這樣做可使孩子從父母的評價中，肯定了個人的表現，實有助親子間建立和融的關係；亦使孩子的身心，得以健康成長和發展！

然而，現實並非完全反映出上述情況 —— 有些父母，對於子女的良好或優秀表現，並沒有作出「正面」或「及時」的評價、肯定和讚賞。他們認為，子女在其悉心的安排和栽培下，表現優秀 —— 是預期中的事，也是理所當然，故不用表彰！更甚的，某些父母認為，讚賞孩子會「讚壞」他們 —— 容易使他們產生「驕傲」，或恃才傲物，或目中無人，故對子女的優良表現，常保持「緘默」，或採取「默認」，或抱「含蓄」的態度而不願置評 —— 不予「讚賞」！

以上所述，彷彿「公說公有理、婆說婆有理！」為人父母者，當子女有較佳或良好的表現時，應怎樣做或抱持怎麼樣的態度，才恰到好處或較合適呢？

根據心理學的行為學派指出，「讚賞」能給人帶來「信心」，也能「增強」一個人的「價值感」，從而「強化」

（reinforce）其行為。如果人們的某種行為受到「積極肯定」和「熱情讚賞」，他們會試圖把這種行為再做一次，甚至多做幾次，直到做得更好。再者，「讚賞」會「鼓舞」和「強化」一個人的行為，使其更充分地發揮自身的主觀能動性，向著更高的人生目標衝刺。

至於個人的良好行為表現，若沒有得到「正面評價」，如：肯定、表彰，則不難想像，當事人或會因此而減低良好行為的持續性或表現。

換言之，「讚賞」孩子的良好表現，深信是父母應抱持的「培育態度」。哪如何把握分寸，對子女作出恰當的「讚賞」呢？以下建議，諸君不妨參詳：

（1）讚賞一定要「具體」（Be Specific）

要知道，當父母讚賞子女的時候，其內心深處 —— 立刻會有一種「心理期待」，想聽聽下文，以求證實：「我叻在哪裏？我有哪些表現比較突出？」此時，若父母沒有「具體化」的表達，是多麼令子女失望啊！因此，「具體

化」是讚賞的基礎，可與其他方法結合使用，效果會更佳！
譬如說，父母可「具體」而「詳細」地說出子女「值得稱道」
的地方，並拍拍子女的肩膊，以示肯定。這樣做，一方面使
孩子「直接感受到」父母的「真誠」；另一方面，可令讚美
之詞深入其心，促進親子間的關係！

切記：當讚賞子女時，一定要反問自己一個 "Where"
（他叻在哪裏？他哪方面的表現比較出色？他哪方面做得較
好？）然後，自己回答這個 "Where" ……這樣，「讚賞」
一定會因「具體化」而觸動孩子，甚至產生奇妙的效果！

（2）運用「3A 原則」作「具體化」讚賞

所謂 3A，是指 Attention（關注）、Affirmation（肯定）
和 Appreciation（欣賞）。要知道，只有「用心」而認真地
觀察和關注子女的表現，才能說出其優點；越「具體」，表
明父母越「關注」子女！

是故，父母若能詳細而「具體地」說出子女「在哪方面
顯得聰明？叻在哪裏？」效果將大不同。因為，「具體化」
的讚賞——可視、可感覺，又或真實存在，子女自能由此感
受到父母的真誠、親切與可信！

同樣，父母若有時給予子女「局部」讚賞，也等於「整
體」的「肯定」（Affirmation）；甚至，會帶來他們整體的改變。
何以見得？譬如，父母稱讚子女所做功課的「字體」——美

觀、秀麗，可促使他們日後，或會更用心、更認真地做功課，以贏取父母的稱讚！

切忌：說「你很聰明！你真叻！」這些話。因為，這些缺乏熱誠、籠統、空洞的「讚賞」，有點像「外交辭令」──太「程式化」，會給子女敷衍的感覺！

說到底，父母宜按子女的良好表現，隨時予以「真實」和「具體」的讚賞，鼓勵他們再接再厲、更臻完善！

有道是：「人美在心，話美在真。」亦有曰：「話順著理走，水順著溝流。」深明此理者想必知曉，箇中三昧──付諸而行！

教養
「小貼士」！

3A 原則要謹記，
讚好孩子真善美。

(2) 不要傷害孩子的「自尊心」

　　曾經遇過一個 12 歲的男孩，他在一次考試中，英文科成績獲得 65 分。雖然，此等成績不算理想；但是，對於他們的班上來說，已算是不錯的成績！可是，他的父母看見他這樣的成績，便「不明究理」地責備他說：「沒有 85 分以上的成績，怎能比得上人家！」甚至，怪責他，說他「平時不用功讀書」云云；所以，考試考得不好！

　　其實，這男孩一向用功讀書，功課和學科成績，亦算「中規中矩」；只不過，他的父母對他的期望頗高；所以，每每

看到他的考試成績未能符合他們本身的要求，或不及別人時，便不理會地責備他，說他這樣「不對」……那樣「不對」！在這責備的氣氛底下，試問那孩子又怎能有所改進呢？而為人父母，不妨在此想想，那孩子的感受 ── 是「難過」的？「無助」的？抑或是「氣餒」？

平心而論，為人父母有「望子成龍」之心，是「無可厚非」的事，也是「人之常情」！大多數父母，都希望自己的子女，有優良的學業成績，將來能「學以致用」，在社會上找到一份較理想的工作，以至「出人頭地」！不過，也由於「望子成龍」心切的緣故，為人父母，往往在「言語間」，不自覺地「傷害」了子女的「自尊心」，認為輕鬆的責罵子女幾句，他們一定會當作「耳邊風」！於是，便稍為嚴厲地責罵他們。但試問，這樣怪責子女，對他們的學業成績，又起到了甚麼作用或幫助呢？筆者認為，這樣的教養子女方法，只會令到子女覺得，父母和老師一樣，大多以考試成績，來評定個人的價值；也因此而感到灰心、苦惱、喪失上進的意志，以致「自尊心」受損；甚至，破壞了父母與子女的感情！

其實，孩子在學校無法和其他同學「並駕齊驅」時，往往最需要的，是父母的鼓勵、支持和安慰，而不單是純粹的責備！當子女考試成績未如理想時，為人父母，應該在此時安慰子女，如說：「你已經盡了力，雖然今次考得不好，但還有下一次嘛！」「不要氣餒，今次成績雖然未如理想，但只要你繼續努力，下次成績定會有所進步。」適當的鼓勵，對孩子的改進，總比經常的責罵來得有效！當然，當子女無

心向學時，父母少不免會責備子女，但只是責備而不嘗試了解他們在學習上，是否遇到困難，那是「無補於事」的！所以，身為父母應平時抽空與子女多作「交談」，了解他們的學校生活情況；子女在學習上遇到問題時，應與他們的學科老師或班主任商討，共同尋找解決方法，加以協助。同時，父母亦應檢討自己對子女的期望或要求，是否過高？考慮子女的能力，是否可以達到父母本身的要求？而為了清楚彼此的期望，最有效的方法，莫過於父母與子女間，都能坦白地說出彼此的要求……總之，當父母想責備子女時，無論是：因為他們的學業成績不佳；抑或是，他們表現了「不良行為」──最好先冷靜一下；同時，亦應細想子女的問題所在，嘗試透過各種途徑，例如：學校、參與活動團體、社工等，尋求協助，找出解決子女問題的方法。

綜觀而言，用「鼓勵」和「關懷」的態度來培育子女，總比經常責備，更為有效！也避免在「言語」間，傷害了子女的「自尊心」和影響到親子間的感情和關係！

教養
「小貼士」！

**要求孩子勿過高，
尊重孩子心宜濃。**

（3）如何啟導您的孩子，做個「負責任」的人？——「邏輯後果」與「自然後果」管教法之實踐探討

為人父母，當子女犯錯時，應怎樣處理或應對？責備、懲罰、勸導、忠告，還是由他……

據專家指出，父母在管教子女時，宜利用行為本身所產生的「邏輯後果」（logical consequence）或「自然後果」（natural consequence），使孩子從經驗中，體驗「行為」與「後果」之間的密切關係，進而培養他們對自己的行為，負上應有的「責任」。這種「溝通式」的管教方法，對子女的健康成長，起著催化作用。

換句話，管教孩子的基本原則 —— 就是針對其「行為後果」作出「邏輯性」與「自然性」的開導，從中矯正孩子所犯的錯。哪何謂「邏輯後果」？又何謂「自然後果」呢？

所謂「邏輯後果」，是「人為」的後果，是父母加諸於孩子的行為後果上。至於「自然後果」，則指孩子行為之後，所產生的「自然結果」。

譬如說，「邏輯後果」：

不適當行為	→	邏輯後果

把香口膠黏在同學的座位上 ⟶ 一星期不能吃香口膠

未完成家課 ⟶ 下課時間做未完成的家課

打同學致他受傷 ⟶ 用自己的零用錢負擔醫藥費，幫同學服務直到他康復為止

又譬如，「自然後果」：

不適當行為	→	後果（自然懲罰）

故意打翻飲料 ⟶ 沒飲料喝

鬧情緒不吃午餐 ⟶ 沒吃午餐，肚子很餓

沒有參與BBQ的活動 ⟶ 沒有東西吃

應用「原則」

　　由此可見，使用「邏輯後果」，必須符合「邏輯原則」；否則，便變成「處罰」，將無法培養孩子的合作、負責與自主行為。所謂的「邏輯原則」，是指所加諸於孩子行為的後果，必須注意「正當性原則」和「民主原則」：

(1) 遵守「正當性原則」與「民主原則」

「正當性原則」是指所加諸的後果之形態，必須和孩子所犯的行為有關聯，而且要合理。

「民主原則」是指所加諸的行為後果，是父母和孩子「共同討論」下的「約定」。

(2) 目的在於「自我負責」與「自律」

運用「邏輯後果」的目的，不在於處罰孩子，或讓孩子受辱，「邏輯後果」必須能讓孩子從經驗中，學會「自我負責」。

(3) 以良好的「親子關係」為前提

「邏輯後果」的效果，奠基在良好的「親子關係」；親子互相信任，才能執行雙方的「約定」。

一個「邏輯性」的行為後果，能幫助孩子學習接受現實，促使他們將來作出負責任的決定。計劃這種後果時，亦須考慮以下 4 個因素：

1. 「後果」與「違規行為」，事件應有連帶關係；
2. 符合孩子「身心發展」的階段；
3. 保證實施──「時間」與「監管」要互相配合；
4. 給後果時，仍須對孩子尊重，要注意自己的態度和語氣，以達致善意的表現。

應用「方法」

(1) 每次犯錯，儘量給予 3 種不同的後果，以累積「正確價值觀」。譬如說，父母可以讓孩子提供 1 至 2 個的後果，如屬「邏輯性」的——可以接受；否則，可以多謝他們動了腦筋！

(2) 接受和尊重孩子的意見及決定，他亦會從中體會到「尊重別人」的重要性。

(3) 耐心地重複及教導每種「美德」（每個價值觀念至少教 21 次）。

(4) 雖然，孩子的決定未必明智，但可以讓孩子體驗自己作出選擇的行為後果，他／她從中亦會學到「負責任」和「自重」。

(5)「以身作則」去遵守諾言、貫徹始終；否則，別要求孩子做到父母不能做到的事情！

綜觀而言，運用「邏輯後果」與「自然後果」的方法，培養孩子養成負責的行為；並以「民主」的討論方式，來協助孩子獲得滿足或「歸屬感」，較以責備、謾罵，更為有效！

要注意的是，引導孩子從錯誤中汲取教訓；當中，可透過頷首，或微笑，或輕觸孩子作為談話的終結。切記：要淡然處之，讓孩子有信心地離開事發現場。

有道是：「行成於思，毀於隨。」意指「德行是由於深思而有所成就，因隨聲附和而毀掉！」深明此道理的父母，

相必知曉，子女的「品德言行」（德行）能否合乎「正道」，全賴父母如何引導他們，對自己的「所作所為」負責；而不致於他們遇事便「隨隨便便」──推卸責任！

教養「小貼士」！

教兒承擔勿猶疑，
他朝成就好孩兒。

（4）如何與子女「訂立協議」？

　　身為父母，大家曾否與自己的子女，訂立過「協議」呢？譬如說，與孩子協訂，倘若他們在某方面，有良好的表現，便給予他們一些「獎勵」。如是者，以此作為激勵子女的途徑。

　　其實，與子女「訂立協議」，是一種「教養方式」，倘若運用恰當，子女不但可以從中培養良好的「習性」（習慣和性格）；而且，還可以發展他們「民主協商」的能力，對其成長和親子間的「感情發展」，均有所裨益！但假如運用

不宜，也許會導致父母與子女間的感情，打下折扣！若果真如此，真是嗚呼哀哉！

哪怎樣做，才恰到好處呢？以下建議，爸媽們不妨參詳：

(1) 首先，父母要明白與子女「訂立協議」，是基於雙方的「自由意願」，由「協商」而產生的；並非「單向式」，交由父母「全權作主」。換言之，它必須經由「雙方同意」，彼此均有「平等」的「發言」機會，這才算真真正正的達成「協議」。

(2) 協議雙方，都必須「確實履行協定」。

(3) 協議內容，必須以「書面明示」，不宜「口頭約定」；這樣，可避免雙方對「協議」產生混淆不清。

(4) 協議內容，亦必須「具體確實」，避免有含糊不清的「字眼」。例如說：「安素答應要愛錫妹妹」，或是「小芬答應要乖點。」像這些用字都沒有一定的標準；甚至，可能會引起雙方不必要的爭拗。

(5) 力求公正 —— 雙方所付出的「代價」，必須均等；不宜使另一方蒙受不平等的對待。

(6) 「訂立協議」時，須注意「協議」的「時效」（時間性與效果），不同年齡的子女，應酌情增減「時

效」。譬如說，6 至 12 歲的孩子，以一星期的協約時間較佳；而 10 多歲的孩子，則可以增長為一個暑假，或一個寒假。總之，與年齡較大的子女「訂立協議」時，所協約的時間，便可增長；但須注意時間越長，「獎賞」也須相對地加重。這樣，方能激發起子女改進的動機。

(7) 「訂立協議」之前，應考慮其「可行性」，估量一下子女的「能力」，是否可以達到雙方的要求；並「切忌」──以成人的標準來要求孩子。

(8) 根據「協議」，於事後給予孩子「獎勵」，不宜事先給予，以防止孩子領了獎後「不認賬」。

(9) 「獎勵」必須盡快給予，不宜延誤，以收「激勵效果」。

(10) 記功不記過，光賞不罰。當子女未能達到「協議」的要求時，父母應與子女傾談，共同探討失敗的原因；再而，按情況，決定是否需要修訂「協議」，而不應給予子女任何懲罰。

有道是：「子女成長父母恩，教養子女父母親。」培育子女，是需要「時間」和「耐性」的，不能「操之過急」，也不能期望子女過高。每一個孩子，都需要自己的爸媽，給予「鼓勵、支持、愛護」和「獎賞」的。因此，怎樣去「獎

勵」孩子？除了透過「訂立協議」的方式外，並須注意「精神」和「物質」獎勵。比方：當子女做到「協議」的要求時，父母可用「口頭讚賞」，並送給一些他們喜歡的物品。

總的來說，「訂立協議」是「正面」的教育子女方式，不含懲罰的成份；而此種方式，亦屬「暫時性」。當子女養成了「自動自覺」的「習性」後，便應逐漸地予以「廢除」！

教養
「小貼士」！

**親子協議來行事，
平等民主較適宜。**

(5) 不容忽視給孩子的「陪伴」

　　現今香港社會，很多爸媽為了維持「生計」，都紛紛出外工作，以致「雙職家庭」的情況出現。這種現象，十分普遍！他們大多把照顧子女的責任（如：安排膳食、接送返學放學、接送參加課外活動等），差不多全都交給外傭代勞。更甚者，還奢望外傭充當「家庭教師」（由 foreign domestic helper，兼任 foreign domestic tutor），為子女提供「英文功輔」（功課輔導）；又或，代他們出席「家長會」，與班主任或學科老師會面，了解子女在校的「學習情況」等等。雖說這屬「冰山一角」──個別事件；但這亦反映出另一「社會現象」──某些父母，欠缺對子女的「陪伴」！也許，他們以「搵食」而「沒有時間」為理由，把「陪伴」子女成長的責任，暫且擱置；待他們「有空」，或「搵夠錢」，才給予子女多點時間來「陪伴」！試問，這會收到「最佳效果」嗎？

　　提及生活，大家都知道，很多食物及生活用品，均設有「保質期」（有效期）。究竟，它意欲何為？莫道那只是商家「做生意」的「手段」或「招數」，它實蘊含著一個道理──在「最佳時候」使用它，會收到「最佳效果」！這與教養子女，又有何關聯呢？

也許，大家不講不知——原來，教養子女，也有其「保質期」，它設於子女 0 至 12 歲期間。這段時期，是父母「陪伴」和「教育」孩子的「黃金有效期」；也可以說，是一「關鍵期」。原因何在？

因為，這期間，父母在孩子的心目中，是「無所不能」的「神人」——可以「信賴」和「依靠」，將一切都「託付」爸媽！可以說，這是孩子處於「依賴」和「信任」父母的時期。換言之，父母如能在這「黃金有效期」，給予孩子多些時間「陪伴」和多點「關愛」，對子女的成長，可產生「正面影響」和「催化作用」！

其實，子女的成長，並非如一般父母認為，盡量滿足他們「物質需求」，便可「如願以償」，或達到「預期效果」！事實上，他們更需要的，是在其「成長關鍵期」——得到父母的「關愛」與「陪伴」！

美國前總統奧巴馬，在競選總統期間，有一次無意中談及他「如何為人父」？他說：「我未必是一個『好總統』，但我一定是個『好父親』。因為，在長達21個月的競選期間，我從來沒有錯過一次女兒們的『家長會』。」作為妻子的蜜雪兒，對於丈夫的「盡職盡責」，總是不吝誇讚！在多次演講中，她都提到其丈夫奧巴馬，每天晚上都會和女兒們「共進晚餐」；並且，耐心地回答孩子們的問題。

暢銷書《窮爸爸‧富爸爸》中亦寫道：「所謂的『成功』，就是『有時間』照顧自己的小孩。不是你賺了很多金錢，也不是你買了多豪華的房屋；更不是，你開上了多美觀的房車。而是，學校的『家長會』── 能有你的『身影』；打開家門的那一刻，總能看到你的『背影』。」

從以上例子中，可以引證，對於子女的教養，除了「言傳身教」和「陪伴」外，並沒有任何捷徑可循！

正如《荀子‧勸學》亦有道：「不積跬步，無以至千里；不積小流，無以成江海。」意思是，要想到達千里之外，就要一步一步地走；要想聚成大江大海，就要匯集許多小河流。同樣，要想成就大事業，也要從小事開始，一步一步地做。教養子女，亦復如是。

說到底，子女的成長，是需要父母在旁，給予充足的時間來「陪伴」的。所謂給予子女「悉心栽培」，是指在其成長的「關鍵期」，給予適切的「陪伴」。這方面，絕對不能「假手於人」！因為，這是為人父母的「天職」，也是對子女的一種「責任」！

教養「小貼士」！

**言傳身教不可少，
陪伴子女成長妙。**

（6）如何在孩子備試期間，
給予他們「情緒支援」？

　　曾經遇過一名 10 歲男孩，他在上次考試中，英文科成績考獲 65 分。雖然，此成績不算十分理想；但是，在他的班上，已算不錯的成績。可是，他的爸媽看到此成績，便不明究裏地責備他，說：「沒有 85 分以上的成績，怎能比得上人家！」甚至，指責他平日「不用功」讀書，所以考得不好云云！

　　其實，這男孩一向用心讀書，功課和學科成績亦算「中規中矩」；只不過，他的爸媽對他的「期望」頗高；所以，每當他在考試期間，便在旁督促他，說他這樣⋯⋯那樣不對！更甚的，還藉詞要脅孩子，說他「倘若考試未如理想，便不准他這樣⋯⋯那樣⋯⋯」試問在這種嚴厲的「督促氣氛」底下，那孩子又怎能好好備試呢？在此，其他爸媽不妨想想，那孩子的感受？是「壓力」過重？無助？抑或，是「氣餒」⋯⋯

　　本來，做人爸媽有「望子成龍、盼女成鳳」的心態，是「無可厚非」的事，也是「人之常情」。因為，大多數爸媽，都希望自己的子女，有優良的「學業成績」，將來能學以致用；在社會上，找到一份較理想的工作，將來能「出人

頭地」！不過，也由於盼子女成「龍鳳」心切，那些爸媽往往在孩子的考試期間，便不自覺地替他們緊張起來，認為只是輕鬆的提醒溫習，他們一定會當作「耳邊風」！於是，也稍為嚴厲地督促他們，甚至威嚇他們！試問，這樣教導子女，對他們備試有甚麼幫助？又起到甚麼作用呢？專家認為，這種教養子女的方式，只會令子女覺得，爸媽跟某些老師一樣，以考試成績來評定自己的價值，也因此而感到灰心、苦惱，喪失上進的「意志」和「自尊心」受損；甚至，破壞了親子間的感情！

　　平心而論，孩子在備試期間，往往最需要的，是爸媽給予「情緒」上的支持，以及「精神」上的鼓勵，而不單是純粹的督促！事實上，當子女在備試期間，爸媽宜在此時：

(1) 避免將子女與其他人比較，包括兄弟姊妹在內。

(2) 不要對子女作「不合理」和「期望過高」的要求；較合適的做法，是協助孩子自行釐訂考試的「目標成績」。

(3) 多讚賞和欣賞子女所付出的努力，以增強其「自信心」。

(4) 如孩子「過份緊張」，宜協助他們紓緩「壓力」。

(5) 切忌對孩子，展現出「放棄」和「絕望」的態度。

(6) 適當地調適孩子的「休息」與「娛樂」時間，而不是禁止他們娛樂；甚至，為孩子弄些其愛吃的小食，以紓解備試的「壓力」。

　　總的來說，孩子在備試期間，爸媽宜多給予他們「鼓勵」和「支持」，以協助其減低對考試的「焦慮」，以提升其「自信心」！

教養「小貼士」！

助兒備試添實力，
鼓勵支持齊出擊。

(7)「三文治式」溫習法

三文治（sandwich）—— 相信，很多朋友都不會陌生！究竟，一份美味可口的「三文治」，是怎樣製成的呢？

根據《維基百科》指出：「三文治是在麵包中間，放置肉、芝士或蔬菜，再加上調味料和醬汁等製作而成的。又或，在麵包上塗上沙拉醬、奶油、果占等配料……」

作為一種食品，「三文治」食用及携帶均十分方便。所以，常被都市人用作午餐，或郊遊，或遠足，或旅行時的食品或小食。現在，有不少食肆及便利店，都可以隨時買到冷或熱的「三文治」。

然而，借用「三文治」的概念來喻作育兒 —— 引導幼童「溫習課本」來備試，這是筆者的個人愚見和實踐經驗。諸君不妨參詳和嘗試！

何謂「三文治式」溫習法？

簡而言之，就是給予幼童 —— 先「遊戲」，再「溫習」，最後再「遊戲」。這恍如「三文治」一樣，將「溫習」做餡，

夾在兩片「遊戲」的中間，幼童「吃」起來，會比較喜歡和可口！為甚麼呢？

　　理由很簡單，幼童（如：6 至 7 歲小孩）大多「活潑好動」，「專注力」亦較年長的學童稍遜！如果，父母要求他們在家乖乖地，或安靜地坐下來溫習課本 30 至 45 分鐘，相信並非易事！但是，假如能「先滿足」他們「愛遊戲」的「本能需要」（instinctual need）；然後，再引導他們「溫習課本」……相信，溫習成效會好些；甚至，事半功倍！何以見得？大家從以下闡釋中，也許可窺看得到！

「三文治式」溫習法之應用

(1) 首先，家長跟子女進行「溫習課本」前，宜先與他們「商議」一個「溫習前」與「溫習後」的「遊戲時段」（譬如：20 至 30 分鐘），以及一個「溫習時段」（又譬如：30 至 45 分鐘），並以「勾手指尾」或「擊掌三下」方式來作「協訂」（agreement）。

(2) 協訂完畢後，隨即讓他們盡情「遊戲」，或與他們「一起遊戲」，以「先滿足」他們的「本能需要」。

(3) 待他們「遊戲」完畢後，可在旁引導他們「溫習課本」……如有需要，亦可提醒子女——「專心溫習」的重要性；以及，溫習後將再履行「遊戲」的「協訂」。這樣，讓子女得以潛移默化，逐漸培養出一種「讀書時讀書、遊戲時遊戲」的健康生活態度。

(4) 最後，在他們「溫習」完畢後，又再依據先前的「協訂」，給予他們一個時段來「遊戲」……

　　如此這般，一方面家長可從中向子女灌輸「時間管理」的方法，引導他們善用時間，作出有效的「時間分配」來玩耍和學習，從而使其身心和智力，得以均衡發展。另一方面，亦可從雙方的「協訂」中，培養子女「履行承諾」和「負責任」的行為。這是「品德培育」，不可缺少的一環！當然，家長如能與子女一起「遊戲」，更可以從中培養和促進親子間的感情！

由此可見，在子女「學習」與「遊戲」的安排上，家長宜與子女多作「雙向溝通」，即使子女是幼齡的學童（如：6 或 7 歲），也應屏棄「一言堂」的惡習，應多採用「雙方協訂」（mutual agreement）的方式來作安排。這樣，一則可培養子女為個人的學業，負上應有的責任；二則可促進親子間的感情和關係，豈不快哉？

　　說到底──「勤」雖有功，但「戲」亦有益！筆者認為，只要「學習」與「遊戲」安排恰當、方法恰宜，子女的學業成績，自然「事半功倍」──水到渠成！

教養「小貼士」！

勤有功時戲有益，
乖仔乖女最得益。

(8) 孩子放學回家後的「關鍵時刻」──30分鐘

　　曾看過一個故事，話說有位農民父親，自己沒有受過多少教育，卻培養出兩個優秀的孩子 ── 一個入讀<u>清華大學</u>，另一個則入讀<u>北京大學</u>；他們從小到大，成績如「鶴立雞群」，令人羨慕其父不已！於是，好奇的鄉親便跑到他家裏，向他探問，以期窺看出「箇中秘訣」！

　　然而，那父親的回答，卻令人「目瞪口呆」── 他說：「其實，我並沒有如大家想象中，有甚麼『秘訣』或『絕招』；只是，讓孩子當我的『老師』而已！」他補充：「由於自己讀書少，文化水平低，自然不知道，用甚麼『好方法』來教養孩子；但又擔心，孩子的成績不好！於是，便想出一個方法，就是當孩子回家後，請他把當天老師所教的『課文內容』，給我說一遍。又，當孩子『做功課』的時候，我便坐在孩子旁邊，翻閱其課本 ── 若遇不明之處，便向孩子『請教』；倘孩子也『弄不清、搞不懂』，便讓他於翌日，向老師『請教』，再回家『教我』。如此這般，孩子既當他人的『學生』，又當父親的『老師』，『學習動機』便自自然然提高，成績自然會好！」

從以上的故事，可反映出，培養孩子的學習「動機」或「興趣」，父母的教育水平高低是其次，關鍵在於父母的育兒「態度」或「心態」，是否正確？筆者在一場合，曾聽到有人問：究竟，教養孩子，純粹是學校老師的責任？還是，校外其他課程導師的責任？抑或是，家傭的責任呢？不是嗎？觀某些父母，不是把子女的學習、成長，交托了剛述的人士嗎？當子女遇上某些「學習問題」時，便把責任推卸；更甚者，向有關人士「責難」或「抱怨」，更遑論抽空陪伴孩子閱讀、成長！

　　平心而論，子女的成長、行為好壞，為人父母者「責無旁貸」，不能常以「搵食無時間」為「理由」或「藉口」，把「撫養」與「培育」子女的責任「向外移」！需知：父母與子女的關係、對其成長所產生的深遠影響，無人能及！換言之，無論怎樣因工作而忙碌的父母，都要抽時間來陪伴子女成長。筆者建議，不妨「智用」孩子放學回家後的30分鐘，以建立「密切」而具「影響力」的「親子關係」。哪如何處之？

(1) 閒聊表「關懷」

　　首先，當孩子放學回家後，無論他當天的「家課」多寡，爸爸或媽媽都應抽30分鐘的時間，與孩子「閒聊」——讓他講講當日「校園生活」的情況，一則使孩子分享與「同學相處」的感受；二則表達對孩子於「學習以外」的關懷，以建立「較密切」的「親子關係」。

　　切忌：孩子一踏足進門，便向他「左問」默書成績，「右問」測驗結果！倘若如此，只會令孩子覺得，父母只「關心」或「側重」其「學業成績」，而「忽略」了他對「生活」或「友儕相處」的感受！

　　事實上，孩子經過了一天的「校園生活」，身心俱疲、也感「肚餓」！此時，若爸媽能為他準備一些「有益小吃」，使他如「充電般」抖擻精神，豈不快哉？

(2) 讓孩子當「老師」

　　與孩子「閒聊」後，於適當時候，讓他開始做「功課」……從中，不妨與他一起檢閱，當天老師「所教」、他們「所學」的「課本內容」，趁機向孩子「討教」，鼓勵他充當老師，向爸媽講述當日「所學」，以協助孩子建立學習後的「成就感」；藉此亦可鼓勵他「積極學習」。

(3) 營造學習氣氛

　　當孩子正在做「家課」時，爸媽也不宜邊看電視，或「玩手機」，以免影響到孩子的「專注力」；以及，建立「安靜環境」、營造良好的「學習氣氛」！

　　倘孩子「稍不專注」，爸媽亦不用急於「訓斥」他；可給他稍作「提示」，如對他說：「你若『不專心』作業，做錯了需由自己承擔後果。」

　　總的來說，孩子放學回家後的 30 分鐘，是一「關鍵時刻」；爸媽如何與他互動，或多或少，都會影響到其「學習成效」。如三國時，著名政治家諸葛亮的《誡子書》所言：「夫學須靜也，才須學也，非學無以廣才，非志無以成學。」這句話，意思是：「為學必須靜心，而成材必須好好學習。不學習不能使才能廣博，而不專心致志的人，學術上也不會有所成就。」

「靜心」與「專心」——可以說，是「成功學習」不可缺少的元素。聰明的爸媽想必知曉，如何「智用」孩子放學回家後的 30 分鐘，使其學習，更具成效！

教養
「小貼士」！

**智用回家半小時，
激勵學習最合時。**

(9) 爸媽「玩手機」對子女成長的影響

　　行動電話（mobile phone），又稱「手提式電話機」，或「手提電話」，或簡稱「手機」；是可以在較大範圍內，使用的可攜式電話，與固定電話（座機）不相同。九十年代中期以前，「手機」的體積頗大，且價格相當昂貴，只有極

少部分經濟能力較佳的人，才購買得起。因此，當時的「手提電話」，又有「大哥大」的俗稱。到了九十年代後期，由於「手機」大幅降價，至今已成為現代人，日常不可或缺的「電子用品」之一。也因如此，很多人都會添置「手機」，方便隨時隨地，與人溝通。

然而，「機不離手」的現象，亦隨處可見；無論身在何處，都不難發現——不論男女老少、高矮肥瘦，總是一群一群的「低著頭」來看手機……而最糟糕的，莫過於爸媽在陪伴孩子的過程中，總是「機不離手」；更甚者，雖「陪」在孩子身邊，但卻「自顧自玩」手機。嗚呼哀哉！究竟，爸媽「玩手機」對孩子有甚麼影響呢？以下所述，諸君不妨參詳。

根據美國密西根大學醫學院一項研究顯示，家長在孩子面前常「玩手機」，可能會造成雙方「關係緊張」，產生「消極互動」；甚至，會造成「雙方衝突」！

再者，爸媽在陪伴孩子時常「玩手機」，還帶來以下不良影響：

（1）讓孩子不自覺地變成「手機黨」

若爸媽在陪伴孩子時常「玩手機」，他們就會對手機，自然而然產生興趣；進而有樣學樣，不自覺地發展成「手機黨」。若果真如此，不但會對孩子的眼睛造成不良影響；還有可能，他們因長期保持固定姿勢不動，影響了脊柱發育。

(2) 衝擊「親子關係」

若爸媽只顧「玩手機」，孩子很容易有被忽略的感覺，甚至認為在爸媽眼中，自己沒有手機那麼重要！而為了彌補這種傷害，孩子可能以哭鬧、亂砸東西等方式，來吸引父母的關注；也可能用「玩手機」、打遊戲等方式，來自娛自樂！因此，若父母長期沉溺於手機，肯定會嚴重影響「親子關係」。

(3) 影響孩子的「心理健康」

若爸媽長時間「玩手機」，孩子肯定會對他們有意見！倘孩子日後也變成了「遊戲迷」，那父母肯定要負上全部責任。

有心理專家表示，爸媽在陪伴孩子時常「玩手機」，其實是一種「冷暴力」——是對孩子感情上，一種冷漠的表現！在家庭教育中，長期遭受冷漠的孩子，容易產生「孤僻性格」，不願和別人交流和溝通，心理不能健康發展！再者，孩子也會在潛移默化中，變得很冷漠，對他人也是「漠不關心」；甚至，也可能發展成「冷暴力」。日後，倘他們需要處理自己的家庭問題時，容易出現障礙！

(4) 給孩子做了「壞榜樣」

若爸媽常低著頭「玩手機」，對孩子直接造成的傷害，就是他們感覺自己被冷落！其次，他們開始模仿父母的做法，也開始熱衷低頭「玩手機」。最後結果，就是爸媽反過來，又為孩子熱衷看手機而苦惱不已！

說到底，「言傳」不如「身教」—— 爸媽們若想孩子不「玩手機」，必先「以身作則」，由自身做起，放下手機，多跟孩子玩耍、交流和溝通，使家庭關係更和諧、更融洽！正如《論語‧子路》有云：「其身正，不令而行；其身不正，雖令不從。」如何在子女教育上，做到「上行下效」，發揮「表率作用」？相信，爸媽們已心中有數、取捨有道！

教養「小貼士」

濫用手機害處多，
放下手機安穩妥。

（10）培養孩子「獨立思考」和具備「分析能力」的重要性

　　早前因「修例風波」引起一連串的「社會矛盾」，以至「形形色色、各適其適」的議論、紛爭、暴力衝突等，幾乎每一天從媒體、街頭，或親友，或「左鄰右里」中，都可「聽得到」或「睇得到」！甚至，把事件牽引至「校園」，令不少父母頭痛不已！不知如何是好？

　　莫道事件中——誰是誰非？誰對誰錯？但有一個「根本問題」，值得爸媽和讀者諸君去反思和探索的，那就是作為「學生」（student），最基本的「責任」何在？

　　根據《維基百科》的解釋：「學生，是指在受到國家或當地政府認可之教育機構（如：學校、學院）學習或進修者，並且該學習或進修者之學籍，登記於該教育機構中，同時受到該教育機構認可之教導者（如：老師、教授）指導。」從這一觀點來看，可推論至學生的「最基本責任」，在於按時到學校或指定場所上學、學習，接受測驗、參加考試等。

　　筆者認為，「學生」也可解讀為「學習者」。他們應從「生活」中去「學習」（live to learn），以及「學習」怎樣去「生

活」（learn to live）。簡而言之，真正的「學生」，就是要「學習怎樣生活」，以至「生存」（survival）！

當然，在學習過程中，如何培養學生的「獨立思考」（independent thinking）和「分析能力」（analytical ability）？這是，另一個十分重要、父母和老師都「不容忽視」的課題！為啥？是為了培養孩子，具備「慎思」和「明辨是非」的能力，以免他們面對任何事情或問題時——道聽途說、以訛傳訛，顛倒是非、人云亦云！哪何謂「獨立思考」？又何謂「分析能力」呢？

筆者認為，學生要做到「獨立思考」，首要是「切勿讓別人替自己思考」。譬如說，別人提出一個「觀點」或「方案」，自己卻沒有經過思考那「觀點」或「方案」——對與錯，或合理與否，便「輕易贊同」，那只不過是「放棄思考」——跟風，並非經個人思慮的「獨立思考」！而所謂「讓別人替自己思考」的意思，是指當某人提出某個問題或事件時，該人所提出的個人見解、答案……當中，包含了該人的「思考角度、主觀意識」及「論據」等；倘學生（訊息接收者）不加思索——辨別真偽，便「盲目地」認同或贊同其「睇法」，那便存在著一定的「偏頗」和「危險」。何解？

道理很簡單：如果，那人所提出的「觀點論據」是合乎「常道真理」，以及「合法、合理」和「合情」，那還可接受！相反，倘若那人所提出的「觀點」，是「歪曲事實」，或「答

案偏頗、角度片面」；甚至，「論據」涉及捏造的可能！那麼，情況或後果將會怎樣？也不用多說、不言自明！因此，培養孩子在面對問題或事件時，應從「多元角度」作思考，以及從「正反兩面」來審視問題或事件，以期找出其癥結所在……

至於「分析能力」，根據《百度百科》指出：「是將問題系統地組織起來，把事物的各個方面和不同特徵進行系統性比較；認識到事物或問題在出現或發生時間上的先後次序；在面臨多項選擇的情況下，通過理性分析來判斷每項選擇的重要性和成功的可能性，以決定取捨和執行的次序；以及對前因後果進行分析的能力等。」

平心而論，在日常工作和生活中，人們常遇到一些事情、一些難題……「分析能力」較差的人，往往思前想後不得其解，以至束手無策；反之，「分析能力」較強的人，往往能從容地應對一切難題。而在一般情況下，一個看似複雜的問題，經過「理性思考」後，會變得簡單化、規律化，從而迎刃而解。可見，具備「分析能力」的重要性。

如《管子·形勢》有云：「疑今者，察之古，不知來者視之往。」《淮南子·說山訓》亦云：「見一葉落，而知歲之將暮；睹瓶中之冰，而知天下之寒；以近論遠。」前句的意思，是指「對當今有疑惑不解的事情，可以考察古代；對未來不了解的事情，則可以考察過去。」至於後句，則可解作為：「看見樹葉凋零，就知道冬天就要到了；看見罐中水

結成冰，就知道寒冷天氣到了；這就是通過近況，了解將來的事情。」可見，由局部的、細小的徵兆，就可以推知事物的演變和趨勢。

　　說到底，萬事萬物皆有其因果、規律和過程。培養孩子對事物的觀察、分析，鼓勵他們表達個人的「所思所想、所見所聞」，並給予適當和客觀的指導，正是爸媽和老師——當前「刻不容緩」的要務！

教養「小貼士」！

思考分析要留神，
是非黑白明辨真。

(11) 爸爸「湊仔」大不同

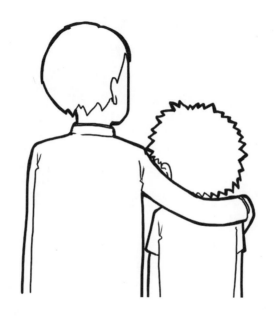

　　時移勢易，隨著「兩性平等」；以及，現代女性的地位
提升，她們在社會上所作出的種種貢獻⋯⋯那種「男主外、
女主內」的「傳統觀念」，已不合時宜。現今，「爸爸湊仔
女」（特別是「湊男仔」）的情況，亦時有所見、時有所聞，
不足為奇！可以說，已日漸普遍。

事實上，媽媽與爸爸「湊仔女」之不同──在於前者，較側重孩子「自理能力」之培育；而後者，則較著重孩子的「性格塑造」。因為，爸爸會從男人的角度，給予孩子「堅強、自立、自強、自信、寬容」的信念，使孩子能感覺到，「父愛」與「母愛」的不同。

談及「湊仔女」，特別是「湊男仔」──男孩子的成長，總離不開爸爸的「陪伴」和「鼓勵」！可以說，他們較容易和較願意，仿效爸爸的言行……在潛移默化中，學習擔當「男人角色」。因此，若想兒子長大後，能有「出色表現」──有「五個範疇」，是爸爸須時刻給兒子培育的。以下所述，家有男兒的爸爸，不妨參詳：

（1）啟導兒子，對金錢建立正確的「認知」和「價值觀」

現代生活，「物質條件」較前豐盛，往往孩子有甚麼「要求」或「想要」的東西，父母大多因「愛錫孩子」而給予滿足，以致孩子不經意地養成「亂花費」，甚至「揮霍」的「惡習」！這種彷似「好心做壞事」的教養方式，實在不值得鼓勵！

是故，爸爸應告知兒子，關於「金錢來源」和「花錢原則」。譬如說，讓兒子知道，作為男子漢，長大或結婚後，是需要透過努力工作，肩負起「賺錢養家」的責任；而作為兒子，在花錢前需考慮爸爸賺錢的辛勞；所購買的物品，是否真的有所需要？是否「值得」購買？切勿因他人擁有該物

品，個人也想同樣擁有，作出「攀比」；但並非真的必要該物。從中，讓他在「金錢觀」上，學曉「節儉」和「珍惜」的重要性——應花則花、切勿浪費！

(2) 培養孩子「獨立自主」

　　根據《韋氏詞典》（Webster's Dictionary）的定義，「自主」是指一種「存在與行動都獨立於他人的狀態」。心理學家 Laurence Steinberg 認為，「獨立」不僅僅在於「行為脫離父母的限制」，而是在「認知、態度」和「行為」上，都實現「自主」。從童年開始，人們便有從父母身邊獨立的需求；從青春期到成年早期，這種需求，變得最為強烈。

而這裏所指的「獨立」，包含了「生活獨立」和「人格獨立」兩方面：

在「生活獨立」方面，爸爸可訓練兒子 —— 自己收拾床鋪、書包、疊衣服等；甚至，可以訓練他，儘早自己一個人睡覺，自己上廁所，或者獨自去商店購買東西等等。

至於「人格獨立」方面，是指具有獨立的「判斷能力」，「自主性」比較強，有「獨立意識」的一種人格。這方面，爸爸可在日常生活的各項事情中，與兒子討論箇中好壞、利弊，引導他作「自主性」的判斷、決定。

(3) 培養孩子，具「學習」和「處事」認真的態度

假如，一個人在學習時「懶惰」；長大後做事「敷衍了事」，結果將會怎樣？不難想像，他的成績必定下滑，影響學業；而長大後所做的差事，將無法辦妥，沒法向人交代 —— 輕則，影響「人際關係」；重則，「個人誠信」定必「大打折扣」；如果是在職，則極大可能，遭僱方解僱。

是故，爸爸需及早教導兒子，無論是「學習」或「做事」，都必須抱著「認真態度」；讓他知曉，「付出」與「回報」是成正比的，不可以「懶惰」或「敷衍了事」；否則，後果堪虞！以此來引導他，做個「負責任、肯承擔」的男兒漢。

（4）培養孩子，具「堅毅不屈」的性格

　　唐代詩人杜牧，曾寫下一首「五言絕詩」，題為《題烏江亭》，是這樣的：「勝敗兵家事不期，包羞忍恥是男兒；江東子弟多才俊，捲土重來未可知。」

　　詩中所言，大概是指「勝敗這種事，是兵家難以預料的事，但是能忍受失敗和恥辱才是男兒。江東的子弟人才濟濟，如果項羽願意重返江東，再整旗鼓，則勝負之數，或未易量。」

　　這首詩，其實是詩人暗諷及批評，自稱為「西楚霸王」的項羽——他到了兵敗局面，仍不知失敗的主因，卻把責任推諉「天數」。

平心而論，人生怎會事事暢順，所謂「人生不如意事，十常八九。」因此，當兒子遇上「失敗」或「不如意」的情況，爸爸最重要做的，就是鼓勵孩子，面對現實、找出「失敗原因」和「問題所在」，從而作出解決方案。再者，還需提醒他：切勿學項羽般，把責任推諉而不敢勇於面對、造成逃避⋯⋯

（5）讓孩子知道，爸爸永遠站在其身邊支持他

一個愛孩子的父親，應在孩子「無助」的時候，做他堅實的「後盾」。譬如說，當兒子遇到困難，請爸爸對他說：「別怕，爸爸永遠站在你的身邊支持你！」爸爸給兒子的愛，就像一座大山，是兒子心裏永遠的依靠！若他能給兒子「安全感」，便可以使他勇敢地面對任何困難、繼續前行。

說到底，作為父親，應與兒子多作溝通，使他在爸爸的「陪伴」和「鼓勵」下，健康成長，最終成為一「自信、勇敢」和「出色」的男子漢。

教養
「小貼士」！

爸爸湊仔新景象，
男孩成長較堅強。

第三章

好爸叭媽

(1) 正視孩子的 EQ（I）

　　近日，筆者不時接受報章的訪問，以及應坊間組織之邀請，大家都不約而同地要求筆者，談談一個，各界都非常關注的問題。那就是：「如何有效地管好 90 後的員工？」「如何能有效地與他們溝通？」這使筆者聯想到，這類員工在成長的過程中，其背後所蘊含的啟示！

　　誠然，子女在成長的過程中，父母所作的身教、言教，以至對事物的「價值取向」或判斷，對子女日後的「人格」（personality）和「社會發展」（social development），起著「催化性」的關鍵作用；這些作用，又會影響到子女的「綜合能力」（comprehensive ability）發展。打個譬喻，不少父母在子女的求學階段中，大多側重了他們的「學習成績」與「學習能力」之培育，而忽略了他們在朋輩間之「社交能力」，以至「溝通能力」的發展。於是，子女自然而然，便只專注「學業」，而鮮有學習「待人接物」，或「與人相處」應有的態度和方法。於是乎，長大後到社會就業，便不懂與上司和同事相處！凡事皆從「自我觀點」作出發，以致未能配合公司的要求！在這種情況下，大家便對這類長大後的孩子，冠以「高分低能」的稱號！嗚呼哀哉！

其實，在子女的成長過程中，父母不單只要是協助子女在「學習」方面的發展；同時，還要培育他們，建立良好的「情商」（Emotional Quotient），從而培養他們具備「有能力無脾氣」的個人素質，以助他們日後在「人際」間，以至「社會」上的良好發展！哪何謂「情商」？何謂「能力」？又何謂「脾氣」？

根據《維基百科》的資料顯示，「情緒商數」或簡稱「情商」（Emotional Intelligence Quotient，簡寫成 EQ），是一種「自我情緒控制能力」的指數，由美國心理學家彼德·薩洛維（Peter Salovey）於 1991 年創立，屬於「發展心理學」的範疇。它所指的，是「信心、樂觀、急躁、恐懼、直覺」等一些「情緒反應」的程度。丹尼爾·高爾曼（Daniel Goleman）和其他幾個研究者，則揭露了「情商」的概念，並聲稱它至少像更傳統的「智力」一樣重要。跟「智商」（IQ）不一樣，「情商」可經人指導而改善。

此外，有關「能力」和「脾氣」，《辭淵》對前者的解釋是，若把它用作動詞，可解作「勝任」（如：能夠）；若用作名詞，則解釋為「才幹」（如：才能）、「力量」（如：能力，即「有作用的力量」）。至於後者，則指一個人的「性情」。

綜觀以上所述，人們今日所面對的：正是「快節奏」的生活，「高負荷」的工作和「複雜」的「人際關係」；個人若沒有較高的EQ，是難以獲得成功的！換言之，高EQ的人，

因具有「穩定情緒」，所以很多人較喜歡跟他們交往，他們總能得到眾人的「擁護」和「支持」！高 EQ 的人，他們大多數也具備良好的「人際關係」！

談及「人際關係」──它是人生的「重要資源」；甚至，可以說，是「另類資產」。何以見得？因為，良好的「人際關係」，往往能助人獲得更多的成功機會，所謂「在家靠父母，出外靠朋友。」正是這種體現。再者，「人際關係」之建立，又往往跟個人的「能力高低」與「脾氣大小」，扯上「直接關係」。對此，坊間曾有四種說法，現分述如下：

(1) 有能力有脾氣──其人結果，將會是「懷才不遇」；
(2) 有能力沒脾氣──其人結果，將會是「春風得意」；

（3）沒能力有脾氣──其人結果，將會是「一事無成」；
（4）沒能力沒脾氣──其人結果，反而會得到「貴人相助」！

　　換句話說，父母若想把子女培育成才，必須從小便伺機教導他們，成為第二類的人，即「有能力沒脾氣」。這對他們來說，不論是現在處於求學，抑或是將來就業交友，定必會有所裨益和幫助！哪如何助之？

　　《大學》有云：「知止而後有定，定而後能靜，靜而後能安，安而後能慮，慮而後能得。」其中，蘊含了「六大修養程序」（止、定、靜、安、慮、得），對誘導孩子培養高EQ，有很大的幫助！如何付諸而行？容後再談。

情商智商宜兼容，
勿使情商作附庸。

(2) 正視孩子的EQ (II)

　　智商（Intelligence Quotient，簡寫為IQ）。IQ越高，表示個人的「心智能力」，較同年齡的人越強。IQ的高低，與個人的「學業成績」有很大關係；但用IQ來推斷個人在社會上的成就（如工作表現、人際關係），則未必盡然！這種情況，暗示著某些父母，可能在培育子女上，方法有待商榷。何以見得？

　　打個譬喻，不少父母在子女的求學階段中，大多側重了他們的「學業成績」與「學習能力」之培育，而忽略了他們在朋輩間之「社交能力」，以至「溝通能力」的發展。於是，子女自然而然，便只專注「學業」，而鮮有學習「待人接物」，或「與人相處」應有的態度和方法。到長大後，踏入社會工作，便不懂與上司和同事相處；凡事皆從「自我觀點」作出發，以致未能配合公司的要求！

　　以上所述，只屬「冰山一角」，其中一例。事實上，有研究顯示：個人的成功因素，只有20%是倚靠IQ，而80%則倚靠EQ。由此可見，EQ對「個人事業」和「人際關係」的影響，較IQ深遠。哪何謂EQ？

簡單而言，EQ 所指的，是個人在「情緒」方面的「整體管理能力」，它不但影響到個人的「心理健康」，還可與 IQ 互補不足。若子女能妥善處理「個人情緒」，便可有效地運用 IQ，來應付周圍環境的「壓力」和「要求」，以至「人際關係」的發展。

那麼，為人父母，如何誘導孩子提升 EQ，培養他們具備「有能力無脾氣」的個人素質，以助他們在朋輩間之「社交」和「溝通」，以至日後在「人際」間和「社會」上的良好發展呢？

將來事業成敗，還看 EQ！

筆者認為，要提升子女的個人 EQ，父母必先引導他們，認識個人的「情緒」狀況，繼而學習「自我克制」或「自我管理」，做出相關改善。一般而言，人的情緒可分為正、負兩面。「正面情緒」有：高興、興奮、驚訝、喜悅、愛等；而「負面情緒」，則有：憤怒、煩惱、傷心、沮喪、挫敗等。子女若要有效地運用 IQ，去應付周遭問題，必先學習穩定「個人情緒」，才可事半功倍、水到渠成。哪如何處之？

首先，父母宜引導子女知曉個人的「目標」所在；然後，鼓勵他們朝向「目標」推進；甚至，以不怕艱辛的態度來追求「夢想」之實現！譬如說，父母可與子女傾談他們的「志趣」（志向和興趣），引導他們選擇個人感興趣的學科和相關學科來修讀，從而為個人的「理想目標」而努力！

夢想

一個人若有了「目標」（止），才有「定向」（定），才有可能訓練自己「心不妄動、心平氣和」（靜），在「安穩心態」下（安），「仔細考慮」各項細節（慮），從而為實現「目標」，全力以赴（得）。這恍如《大學》所云：「知止而後有定，定而後能靜，靜而後能安，安而後能慮，慮而後能得。」其中，所指的「個人修養」六大程序，即由：知止（知道個人目標）到「定、靜、安、慮、得」，也值得讀者諸君深思，並付諸而行。

一個人若能定下心來靜靜思考，才能從容地作出「自我克制」或「自我管理」，遇事才能深思熟慮、胸有成竹。

說到底，父母若要引導子女提升 EQ，必先讓他們認清個人的學習或做事目標，並在「自我管理」及「情緒」方面下工夫。正如諸葛亮在《誡外書生》有云：「志當存高遠。」（即：一個人立志，應當崇高遠大；只有志向遠大，才能克服眼前的困難和自身的弱點，朝著既定的目標前行。）他在《誡子書》亦道：「非淡泊無以明志，非寧靜無以致遠。」（即：不恬淡寡慾，就不能確立遠大的志向；不排除雜念，就無法深謀遠慮。）這可以說，是諸葛亮對其子的諄諄教誨，也是他關於「修身養德」的至理名言——提升 EQ，亦復如是！

**管好情緒易辦事，
達成目標會更易。**

(3) 「性格」塑造，重於「佳績」創造！

　　有句說話，叫「性格定命運」。這句話，打破了人們對「成敗得失」，全繫於「命運」使然的「宿命論」；也道出了，「性格」塑造對個人的成長與發展，起著「關鍵性」的作用；甚至，它可改變一個人的「命運」。何以見得？這可從「性格」與「命運」的奧義中，窺看得到。

哪何謂「性格」？又何謂「命運」呢？

根據《維基百科》的解釋，「性格」（character），是指「一個人對周圍環境的『態度』，通過『行為』表現出來。它是一『習慣化』的行為，通過人對事物的傾向性態度、意志、活動、言語、外貌等各方面，表現出來；是人的主要『個性特點』（心理風格）的集中體現；也是人們在現實生活中，顯現出某些的一貫態度、傾向和行為方式，諸如：大公無私、勤勞、勇敢、自私、懶惰、沉默、懦弱等，均反映出自身的『性格特點』。」換言之，「性格」因人而異，會受「後天因素」所影響。這亦意味著，它可以透過「人為改造」，從而產生不同程度和效果的轉變。

至於「命運」，《辭淵》把它解作「天之所賦和自然機會」。若以此推論，不難想像人們大多視「命運」是與生俱來、由天注定的，好像不由得自身半點作主！然而，筆者認為，此一解釋或觀點，略帶偏執、欠缺客觀闡釋！不是嗎？觀「命」中有「運」，便可窺看出其「差異」。筆者同意，「命」是天賦的（如：出身於富貴人家與貧窮人家，以至日後在學習和社會上的發展，便有某程度的差別……）；但「運」，則受「後天因素」所影響和造成的（如：透過積極進取、努力學習，或廣結人緣，也許可改變「宿命」！）中國有句老話：叫「運轉乾坤」。當中，便蘊含著箇中真諦——人們的「命」，或多或少，可透過後天「人為因素」而改變，產生不同的狀態或結果，即：好命好運、好命唔好運、唔好命但好運、唔好命亦唔好運。其意思何在？日後找機會再談。

基於以上所說，為人父母，如真正想培養子女成才，不能只慣常側重其「學業成績」之督促；子女的「性格」塑造，更為重要！如先前所述，「性格」會直接影響到子女的學習、成長，以至日後在社會上的發展。哪如何把握分寸，盡量把它做到最好呢？以下意見，爸媽們不妨參詳：

（1）正確窺看孩子的「性格特性」

在日常生活中，可觀察孩子的特性，是傾向：「活潑好動」？還是「內向文靜」？除了可依據其「性格特性」予以學習機會外，還要鼓勵他們持之而恆、不斷磨練，使其形成習慣，最終建立良好的「性格特質」——凡做任何事，須「持之而恆」，才能成功！其實，孩子學習甚麼都可以，只要是「有益身心」和他們喜歡的項目便可。因為，那只是一「手段」（means），或「過程」（process）；最重要，是使孩子從中培養良好的「習性」。

（2）輔助孩子，嘗試確立「積極向上」的人生觀或目標

人的「性格」，說到底還是會受到「世界觀」（環境）和「人生觀」的制約與調節。倘爸媽們能輔助孩子建立堅定的「人生目標」與「生活信念」，他們的「性格」便自然而然受到薰陶，表現出樂觀、坦蕩、自信等良好的「性格特性」。這方面，例如：爸媽們可因應孩子的「性趣」和「長處」，鼓勵他們參加「公開比賽」，從中培養孩子的「積極性」

和「自信心」。有道是：「志存高遠，其道大光。」其道理
亦復如是。

（3）鼓勵孩子在實踐中磨練「性格」

「性格」的塑造，需體現在「行動」和「實踐」之中。
而「實踐」──應具「廣泛性」。學習「實踐」，一方面可
磨練「性格」；另一方面，也可從艱苦訓練中，培養孩子
「樂觀進取」和「不怕困難」的精神，以適應社會上不斷的
變遷和需要。建議：爸媽們可考慮讓孩子參加「童軍運動」
（Scouting）。從童軍的生活和考取「進度性」徽章和「專
科性」徽章中，以培養其「堅持、積極、進取」和「勇於接
受挑戰」的品格素養。

（4）重視環境對「性格」發展的影響

「群體生活」具有一類化的作用，對「性格發展」會有深遠的影響。「孟母三遷」——已是「家傳戶曉」的故事。而所謂「近朱者赤，近墨者黑」，正是這一體現。因此，爸媽們可安排孩子，在學校以外參加不同種類的活動，使他們與來自不同學校的同輩學友接觸和溝通，以擴闊其生活圈子，學習與不同人們相處，以助孩子在學，以及將來在職，與別人建立圓融的人際關係。

有道是：「思想決定行為，行為決定習慣，習慣決定性格，性格決定命運。」深明此道理的爸媽們，相信已知曉塑造孩子具有「良好性格」的重要性——持之而恆！

教養
「小貼士」！

培養孩子好習性，
持之而恆樣樣醒。

（4）培養孩子——「尊重」他人！

　　近年，社會上呈現了一陣陣「此起彼落」的「歪風」——不是某些「所謂」的「學者」或「知識份子」，或「宗教界人士」，鼓吹「違法達義」（如：煽動莘莘學子及群眾佔領中環，以此向執政者／政府作脅迫，以期爭取其「聲稱」所謂的「崇高政治理念」……便是一些「較偏激」的學生領袖衝擊政府總部，以期爭取類似的「理想」……但最終落得「慘敗」的收場，還賠上個人的前途，被判入獄！嗚呼哀哉！

　　試問：他們的「言行舉動」，會有多少人接受和贊同？又能否產生其所渴望的效用呢？相信，群眾自有其判斷、分曉！

　　然而，筆者對那些「言行舉止」，委實不願「苟同」！甚至，欲痛斥其「強詞奪理、妖言惑眾」的言論！那些「歪理」——不但破壞了社會正常的秩序，危害了他人的自身利益和安全；更甚者，還會渲染心智尚未成熟的下一代！何以見得？這可從「尊重」的內涵來探討。

　　平心而論，任何人在成長的過程中，或多或少，總會受到別人的教導，比方：要「尊重」他人。例如：爸媽會教導孩子，遇到師長時，要主動「叫人」或「打招呼」，或「問好」；

在學校要聽從老師的教誨……又如：老師會教導學生，要遵守「校規」；上課時，要專心「聽書」，切勿與同學嬉戲或「傾計」，以免騷擾到其他同學上課……再如：到了孩子長大後，踏足社會工作，企業會要求員工，遵守公司既定的程序來辦事……甚至，社會上所制定的「律例」，也要求市民遵守，以維護法紀，保障大眾的利益和安全等等。凡此種種，皆源於對別人或對事物的「尊重」，以彰顯其意義和精神所在！

但可惜的是，社會上有些「別有用心」的人，為了一己的「私欲」，利用「年青人」的「熱誠」與「無知」，煽動他們妄顧法紀，做出損害社會安寧的「蠢事」！事後，還「惺惺作態」—— 滿腔歪理！

是故，為人父母應「密切注意」子女在校內及校外的行為表現，以免他們受「不良份子」的影響或薰陶，而做出「違法」或「違規」的「傻事」！如有需要，隨時予子女引導、提醒——告知他們，凡做任何事，應先從他人的角度著想，考慮自身的行為，會否影響或阻礙到，他人行使其應有的權利？甚至，會否損害到他人的利益？這是「尊重」他人的具體表現！

　　談及「尊重」，究竟它的深意何在呢？

　　根據《辭海》指出，「尊重」可解作「敬重、看重」；它的基本意思，是指「尊敬、重視」。至於古語，它指「將對方視為比自己地位高，而必須重視的一種態度。」時至今日，它已逐漸引伸為「平等相待」的心態與言行。這恍如中國大文豪魯迅，在《理解尊重》中，也曾說過：「我以為別人尊重我，是因為我很優秀；後來才明白，別人尊重我，是因為別人很優秀。原來，優秀的人對誰都會尊重！尊重領導，是一種天職！尊重同事，是一種本分！尊重下屬，是一種美德！尊重客戶，是一種常識！尊重對手，是一種大度！尊重強者，是一種欣賞！尊重弱者，是一種慈善！尊重師長，是一種倫常！尊重晚輩，是一種關愛！尊重家人，是一種幸福！尊重同學，是一種緣分！尊重所有人，是一種基本教養……」可見，「尊重」他人，實蘊含著個人的修養與雅量！

說到底，懂得「尊重」他人，是做人最起碼的要求。一個人在與別人交往中，如能很好的理解別人、尊重別人；相信，他應會得到別人相若的理解和尊重。如常言道：「善待他人，如同善待自己。」同樣，「尊重」他人，如同「尊重」自己。這亦恍如孟子所言：「愛人者，人恆愛之；敬人者，人恆敬之。」深明此道理的父母理應知曉，如何適當地引導子女「待人處事」，而不致於他們「無法無天」——做出「損人害己」的事。學習「尊重」——正是刻不容緩！

教養
「小貼士」！

教兒三思勿莽行，
告知自重又重人。

(5) 不容忽視的「品德教養」

　　早前，<u>浸會大學</u>有幾名學生，因「不滿普通話豁免試合格率過低」，而引發的「佔領」和「大鬧」語文中心（長達8小時）的事件，令外界為之側目、議論紛紛！期間，有學生態度囂張，並用「粗言穢語」來辱罵一名女英語教師；另外，亦有學生多次走近教職員面前，「高聲」要求對方，交代考試安排！場面幾度混亂，令不少人從視頻中目睹情況，為之嘩然！慨嘆——「世風日下、人心不古、道德淪亡」云云！

　　莫道校方處理是次「風波」的手法——「快」與「慢」、「對」與「錯」、「仁」與「慈」；但肯定的是，那些學生的「粗暴言行」，絕對不為人接受！亦「有違」大學生，於「待人處事」方面，應有的態度！

　　究竟，問題的「根源」出在哪處？是學生不明做學生，應有的「態度」和應盡的「本份」？還是，「教育制度」出現問題？抑或是，「社會歪風」使然？沒有「家教」？這使筆者聯想到幾個問題，那就是：

何謂「學生」？何謂「品德」？又何謂「教育」？

　　根據《辭淵》的解釋，若把「學生」作名詞，可解作「學子」，或卑幼對尊長的「自謙稱謂」。而把「學生」作動詞，「學」可解釋為「受教和練習」；「生」則解釋為「生活」和「生存」。換言之，「學生」一詞，可理解為學子對老師的一種「自謙稱謂」，並從「受教」的過程中，學習「生活」和「生存」之道。若以此推論，<u>浸大</u>要求在讀的大學生，於畢業前達到應有的「普通話」水平，才可畢業；相信，此舉是「善意安排」，是為了增強畢業生就業的「競爭力」，是回應「大勢」所趨，也不用為此多說！惟那些「搞事」的學生，不但不明「箇中道理」，反而以「強詞奪理」的方式，試圖推翻大學的「善意」決定或安排！試問：他們的言行舉止，似是一學生對老師，應有的態度嗎？若不像，也許是他們的「品德」—— 出現問題！哪甚麼叫「品德」呢？

　　據字典解釋，「品德」可解作「品性道德」。這方面，可先從「品行」解說。「品行」—— 乃人的「品格」與「德行」，即：一個人正面的人格。而這些性格，是從小培養而成的。<u>中國</u>人所指的「品行」，即：敬、德、誠和謙虛。換句話，「品德」是「待人接物」的一種態度，以及對「自我」的一種取態。前者，往往反映在言詞、用字、表達和禮貌上；後者，則反映在「個人獨處」時的修養。如常言道：「尊嚴是德行之寶，炫耀是德行之賊，慈悲是德行之始，暴戾是德行之終。」可見，「個人修養」乃「品行」的基礎。

至於「道德」，據《維基百科》解說：「『道德』是在社會生活實踐中，形成和發展的，主要依靠『社會輿論、風俗習慣』和『良心指導』來約束。它，可以用『善惡標準』來對『個人言行』和『社會規範』，進行評價。」

　　綜合以上兩點，可稱之為「品德」。若以此對那些「搞事者」作「品德」評論，便可見其「缺失」！那反映出甚麼呢？歸根究柢，可能是他們在「受教」的過程中，有所「差錯」！何以見得？這可從「教育」中，窺看一二！

　　據《說文解字》所言：「教，上所施，下所效也；育，養子使作善也。」所謂的「教」，就是上位者所給予的知識、道德、政令、制度等方面的「人文教化」；而下位者，則要「學習效法」。至於所謂的「育」，就是父母不單是「養育」孩子，還要「教導」他們——以禮待人、與人為善……換言之，那些「搞事」的大學生，可能在成長的過程中，欠缺「家教」，或「無家教」，以致連「最基本」的「禮貌」也不懂！若果真如此，真是「嗚呼哀哉」！

　　平心而論，子女的「言行舉止、一舉一動」，在在反映出子女自幼，父母怎樣給他們「言傳」與「身教」？從來，沒有「教不好」的孩子，只有「不曉教」的父母！說到底，高明的父母，想必從「浸大事件」中有所領悟——在子女追求「學業成績」和「品德教養」中，如何取其平衡、優次有序？

有品有德真學子，
若缺品德蒙羞恥。

(6)「品德」何價？──「贏在起跑線」的反思！

　　我國「四書」中，有一部經典，名為《大學》；其中，有這樣的論述：「大學之道，在明明德；在親民，在止於至善。」如何理解「大學之道，在明明德」的意思呢？那就必先要了解，何謂「小學」？又何謂「大學」？

　　也許，諸君不講不知！原來，古代並沒有「中學」的設置，只有「小學」與「大學」之分。哪甚麼叫「小學」？所謂「小學」，即「啟蒙之學」。也就是，一開始，便教導小孩，關於「四維、八德、三綱、五常」等知識。這些，都視為最初、最為首要的知識；加上，灌輸的對象是小孩，故稱之為「小學」。

　　而所謂「大學」，就是指「小學」的進階。當學子讀完了《百家姓》、《弟子規》、《三字經》等「啟蒙之學」後，便再進一步學習，那就是「大學」。即：學習「廣大無邊」的道理，探究事物的「真相」；那是一種「非常廣大」的學習，故稱之為「大學」。

　　至於「明明德」，第一個「明」，是「彰顯」之意，即是：使「明德」發光發亮的意思。而「明德」，則指我們每個人

身上，都有一個非常清靜、極為安寧的東西，<u>孟子</u>稱之為「本心」。那是至清至靈、至真至靜，恍如聖人般所擁有的「智慧」。因此，只要做事能合乎「明德」，那就接近聖賢了！

綜觀以上觀點，可以把「大學之道，在明明德」理解為：攻讀「大學」的本意，就是要學習「廣大無邊」的知識，是為了探究人們的「本心」，甚至事物的「真相」，並將它發光發亮！

環觀現今大學，有否做到「承先哲之言，以導後來者」？已沒有多少人關注，更遑論重視！觀早前<u>理大</u>那幾名「頑劣學生」，以「粗暴行為」來禁錮師長一事，可見一斑！其「目無尊長、態度囂張」的「野蠻行為」，不單「害人害己」，更有辱父母、師長、同學、校友……甚至，損毀「校譽」和「<u>香港聲譽</u>」，委實令人慨嘆！嗚呼哀哉！這使筆者質疑，究竟現今社會，所施予孩子的教育，問題出在何處？

探本求源 —— 對症下藥，方為上策！

誠然，父母愛子女之心 —— 無微不至，能為子女做的，能給子女的，無不傾盆而出、竭盡所能！「萬千寵愛」在子女身，例子多不勝數、比比皆是！故「望子成龍、盼女成鳳」的寄望，便油然而生！自子女稚齡開始，便只側重他們的「學習生活」，而鮮有關注其「品德」的培育！一連串的課外／學習活動，諸如：補習、音樂、比賽、體育、運動……無不投放資本，讓子女參與、學習，以期子女在各方面發展 ——

均「贏在起跑線」！但試問：這些對子女的成長，真的有作用嗎？對子女於「待人處事」方面，又發揮多少效用？對他們長大後，投身社會工作，又有多少幫助呢？

平心而論，給子女「悉心栽培」，本屬「好事」；但若只關注其「學習成績」，而忽略了其「品德培育」，那就容易變成「麻煩事」！何以見得？

打個譬喻，若子女只在其學習上，表現出「優秀」，而忽略了「待人處事」，需懂得「求同存異、尊重他人」的重要性；那只會，逐漸孕育出——他們「恃才傲物、目中無人」的品性。如是者，他們在「自覺」與「不自覺」間，便極有可能，做出「損人害己」的「蠢事」！從理大學生「禁錮師長」一事，足以引證！哪究竟，問題的根源何在呢？

一言蔽之，他們缺乏父母，自幼應施予的「品德教育」，以致不知「怎樣做人」。說白一點，他們就是「無家教」！過去，他們「所讀所學」的，都是「白費」，浪費了社會給他們的學習資助和栽培，委實令人惋惜和傷感！哪如何是好？

　　看來，為人父母和師長，應加強對孩子的「品德教育」，已刻不容緩！如《弟子規‧總敘》所言：「弟子規，聖人訓，首孝弟，次謹信；汎愛眾，而親仁，有餘力，則學文。」其中，「有餘力，則學文」兩句，正好道出了——搞好「品德」為先，而「學習」其後；否則，一個人只「有才」而「缺德」，對社會只是一種「危害」！

　　說到底，培養子女「才德兼備」，才是「教育重點」，才不致於他們「胡亂妄為」，做出「目無尊長、目空一切」的「蠢事」！

教養「小貼士」！

教兒育女才德備，
品德塑造為初基。

（7）生日的啟示——感恩教育

　　近日，筆者常常在「社交媒體」，看到不少朋友在媒體上留言 —— 他們不是向某某祝賀「生日快樂」（Happy Birthday）……便是一班人「約會飯局、吹蠟燭切蛋糕、唱生日歌」；或在媒體上，上載飯局的「珍饈百味」照片，以展現為「壽星仔」或「壽星女」，「壽星公」或「壽星婆」，慶祝「生辰」！這使筆者聯想到，「慶生會」的來源，以及它的底蘊，究竟何在？

　　筆者曾在一場合，聽過有關「慶生會」的典故 —— 話說，唐朝以前，是沒有「慶祝生日」的習慣，因古人視「生日」為「母難日」……後來，不知甚麼原因，人們竟於每年生日當天，「慶生」起來，並設宴款待親朋 —— 「大魚大肉」、隆而重之……漸漸地，「慶生」便演變成一種習慣！

　　哪為甚麼古人視「生日」為「母難日」呢？

　　依據佛經記載，有這樣說：「親生之子，懷之十月，身為重病，臨生之日，母危父怖，其情難言。」從經中所示，不難理解或想象到，母親為了生育子女，忍受了極大的痛楚！在長達10個月的「懷孕期」，又是何等的「含辛茹苦」！

到了「臨產陣痛」時，更是受盡「百般折磨」，「生」與「死」恍如在剎那間！

　　是故，母親生育子女，在古時來說，是非常「危險」和「痛苦」的事！而所指的「慶生會」，對古人來說，就是「母難日」。正如先前所說，母親在這天產子時，她忍受的痛苦、哀嚎，除已為人母外，是非一般人可以知曉和感受得到的。可以說，不足為外人道也！又怎有可慶之言呢？不過，時至今日，在醫學昌明下，「無痛分娩」大行其道，令怕痛的孕婦在產子時，多一選擇；而產痛的情況，也許得到若干改善！當然，每年為親眷良朋「慶生」，也是「人之常情、無可厚非」的「平常事」。所以，現在有些人把「母難日」，已易名為「報恩日」。這涉及「感恩教育」的範疇，值得爸媽們關注、借鏡和學習！

　　哪何謂「感恩教育」（Grateful Education / Gratitude Education）？它涉及甚麼內容和方法呢？以下逐一談論，諸君不妨參詳。

　　根據《百度百科》的資料顯示，「感恩教育」是「教育人」運用一定的「教育方法」與「手段」，通過一定的「感恩教育」內容，對受教育者實施的「識恩、知恩、感恩、報恩」和「施恩」的「人文教育學」（Humanistic Education）。

　　會「感恩」，對於孩子來說，尤其重要。因為，現今絕大多數孩子，都是家庭的中心，他們心中只有自己，難有別人！要讓他們學會「感恩」，其實就是要讓他們學懂「尊重他人」。當孩子們感謝他人的「善行」時，第一反應常常是，今後自己也應該這樣做；這就給孩子一種行為上的「暗示」，讓他們從小就知道──「愛別人」和「幫助別人」的重要性。

　　而要學會「感恩」，先要學會「知恩」──要知曉父母的「養育之恩」，師長的「教誨之恩」，朋友的「幫助之恩」。西方的「感恩節」，就是要教化人們學會「感恩」。讓孩子學會「感恩」，關鍵是通過「家庭」和「學校」的教育，讓

孩子學會「知恩」與「感恩」。近年來，眾多國內學者均倡議設立「中華感恩節」，以弘揚中國傳統文化。曾有學者倡議，把每年的「清明節」，定為「中華感恩節」。

有道是：「子女成長父母恩，孝順父母念親恩。」如何在子女成長的過程中，推行「感恩教育」？容後再談……

教養「小貼士」！

子女成長父母恩，
教養子女要感恩。

(8) 如何實踐「感恩教育」?(I)

　　很多父母,常「不自覺」地,在照顧子女時,表現出「愛護有加」的態度;甚至,做到「事事周到」──無微不至!可以說,那是「人之常情」,也是「無可厚非」的「平常事」;是父母愛護子女的「本能表現」。他們「傾盡所有」──不求回報!幾乎,想把最好的東西,全都留給孩子們⋯⋯

　　然而,在父母「無窮無盡」的愛護或庇護下,卻造成不少孩子,以「自我為中心」(ego-centric),不懂得體諒他人;對人對事,總覺得樣樣都是「理所當然」!如俗語說:「飯來張口,錢來伸手。」要知道,從小學會愛護別人──是孩子健康成長、適應社會的必修課;而「愛」的前提,是要擁有一顆「感恩」的心。因此,教會孩子「感恩」,也是父母展現「愛護孩子」必經之路。

　　「感恩」──就是對別人所給予的幫助,表示「感激」!學會「感恩」,對每一個孩子的成長,都非常重要!因為,人若常懷「感恩之心」,不僅能培養其「與人為善、助人為樂」的美德;還能,促進其「健康人格」的形成與發展,對其日後走向社會,建立和諧的人際關係,起著「積極」的作用和「深遠」的影響。

換句話，能讓孩子擁有一顆「感恩」的心，就是父母給孩子最好的禮物。那麼，如何培養孩子，從小就擁有一顆「感恩」的心呢？以下方法，諸君不妨參詳：

（1）以身作則，做好榜樣 —— 讓孩子在潛移默化中，受到薰陶

如果，父母想教懂孩子「感恩」；那麼，最基本的，就是自己要有「感恩之心」！譬如說，個人必須要對自己的父母孝順；對幫過自己的人，充滿感激！也只有這樣，孩子才「看得到、聽得懂」父母的「言傳身教」，才願意接受「感恩教育」。如《論語·子路》所言：「其身正，不令而行；其身不正，雖令不從。」所謂「上行下效」、「上樑不正下樑歪」，正是這一道理。唯有父母「做得正、行得正」 —— 以身作則，子女才會仿效。

另一方面，在家庭成員之間，父母宜營造良好的「家庭氛圍」——讓各人都學會「感恩」！比方，媽媽幫爸爸做事時，爸爸要大聲地對媽媽說：「謝謝！」媽媽接受爸爸的幫助，也要說一聲：「謝謝！」爸爸送給孩子禮物時，要告訴他，這件禮物是爸爸給他的；所以，他要感謝爸爸！這本書，是哥哥姐姐送弟弟的；所以，弟弟要向哥哥姐姐道謝！孩子幫忙做家務了，爸媽也應該，對孩子表示感激，如說：「謝謝，你真能幹！」這樣，在孩子接受別人的幫助時，自然也會「心懷感激」！

只有在這種氛圍下，孩子才能「耳濡目染」——漸漸接受這種最基本的禮儀，也學會向父母道謝，將感恩「內化」於人格之中。

（2）妙用「移情」，讓孩子學會感受他人情感

要讓孩子學會「感恩」——首先，要讓孩子懂得感受他人的情感，能「設身處地」為他人著想。

舉例，父母可以在家庭中，嘗試玩一個「角色互換」的親子遊戲，讓孩子當一天家長。此時，爸媽可以學著孩子平時的樣子，比方說：「快，給我倒杯水，我渴了」；「我身上痕癢，快來給我撓撓」等，讓孩子體驗做父母的辛勞；也讓孩子明白，平時自己的「嬌慣行為」是不正確的！通過當一天的家長，日後在發生類似行為時，孩子就會先想一想：「我這樣叫爸媽給我做這做那，他們是不是很辛苦呢？」

另一方面，對於年紀較幼的孩子，父母也可以採取一些「移情」的方式，讓孩子擁有一顆柔軟的心，懂得體察別人的情緒。例如，當爸媽看到孩子，因心情不好而要敲打其洋娃娃時，爸媽便可以告訴孩子：「不能敲打娃娃啊，娃娃也會痛的。它知道你是一個喜歡打人的孩子，以後就不跟你玩了。」試用這樣的「移情法」，讓孩子體會別人的感受！

其實，在孩子的眼中，世界上的一切都是有生命的；所以，父母不妨正確運用「移情」的方法，讓孩子學會識別和感受他人的情感，從而有助孩子的愛心培養。

綜觀以上所述，爸媽如能「以身作則」，可給孩子「表率作用」；而妙用「移情法」，則可培養孩子對人對事，建立「同理心」（empathy），有助「感恩教育」的實踐。至於其他方法，則留待下章，逐一探討⋯⋯

教養「小貼士」！

以身作則展親恩，
教養子女顧及人。

(9) 如何實踐「感恩教育」？(II)

感恩——是中國傳承的千年文化！它是一種「品德」，也是一種「生活態度」，更是一種「生活智慧」。所以，要從小在孩子心中，種下「感恩」的種子！事實上，心存「感恩」——是一種可貴的、積極的「人生觀」。那麼，爸媽們應如何教育孩子，學會「感恩」呢？

(1) 巧用節日，讓孩子把握「感恩時機」

每年的春節、教師節、父親節、母親節、重陽節等節日，是對孩子進行「感恩教育」的最好時機。譬如說，春節時——可教導孩子熱情地接受爺爺、嫲嫲及其他親屬，送給他的禮物，並表示感謝；不管價錢多少，回到家裏，都要求孩子妥善保管，學會珍惜別人的情意。而「教師節」——則可讓孩子親手製作「賀卡」送給老師，表達對老師的美好祝願。

至於「父親節」——媽媽可以事先跟孩子說：「兒童節是小朋友的節日，爸爸媽媽都給了孩子禮物。不過，馬上就要到父親節了，孩子是不是也應該送爸爸禮物，讓爸爸高興高興呢？」接著，媽媽可以幫助孩子，一起動手，做一份「專屬父親節禮物」。當收到禮物時，爸爸要記得對孩子的努力，

也表示感謝，如說：「謝謝你，你這麼愛爸爸，真讓爸爸感到高興！」如此這般，讓孩子從被感謝中感到快樂，從而更願意去幫助別人。

(2) 借用「對比」，讓孩子關心不幸的人

當孩子沉浸在幸福中時，爸媽可以通過巧妙的方式來告訴孩子，譬如說：「有許多和你同年齡的孩子，現在連飯也吃不飽、吃不上。這些鉛筆、擦膠，他們都沒有；更不用說，有你這些漂亮的玩具了。」這樣說，是要讓孩子知道，世界上不只有「幸福」和「甜蜜」，也有「痛苦」和「不幸」。有時候，爸媽可與孩子整理一些他的玩具、衣物、用品等，捐贈給需要幫助的人。再者，也可帶孩子到「孤兒院」或「傷殘醫院」參觀；還可以，鼓勵和組織孩子與貧困地區的孩子結交等。凡此種種，皆可讓孩子在「對比」中，體會到過去因不懂、不在意而不珍惜的東西，是錯誤的做法，從而改變孩子的冷漠，引發其「慈悲心、惜福心」和「感恩心」。

(3) 偶爾「示弱」，讓孩子學會「給予」

要多給孩子機會，讓孩子為父母做些事。例如：下班回家累了，爸媽不妨讓孩子幫忙拿拖鞋；假裝不舒服，請孩子倒杯水給爸媽喝……讓孩子學會「給予」（give），懂得父母和別人的「給予」與幫助是一種「恩惠」，而不是「理所當然」或「虧欠」！

（4）及時給孩子表揚

倘孩子做了一些「好事」，不管他是「主動」做，還是「被動」；也不管，他做得是否令人滿意，爸媽都要發自內心，向孩子「道謝」；甚至，給他由衷的「肯定」與「讚揚」！這樣做，是希望孩子得到「鼓舞」後，大大提升其關心他人的動力。

（5）不要為孩子「付出太多」

倘爸媽為孩子「付出太多」，保護過多；孩子就會漸漸習慣，父母的「包辦代替」，認為這一切都是「理所當然」！久而久之，孩子只知「索取」，而不知「回報」，以及不懂得「關心」和「感激」他人。倘爸媽不想，將孩子培養成「不知感恩」的人，那就千萬不要替孩子「做太多」，不要助長孩子「受之無愧」的心態！

相反，要教導孩子，懂得「感恩」。而爸媽應經常提醒自己，不要替孩子做他的「份內事」；盡可能，將一些家務分配給孩子，讓他承擔起，家庭一員的責任。物質方面，也減少其滿足，讓他知道——不是他想要任何東西，都可以得到。

（6）別把好的，都留給孩子

舉例，當晚飯只有一隻雞腿時，將怎樣分配呢？相信，大多數爸媽，都會選擇，留給自己的孩子。其實，這樣的「無私」，對孩子並不好——會讓他覺得，他吃好東西、擁有好東西，是「理所應當」的事。

較理想的做法是，爸媽宜對孩子說：「今天，只有一隻雞腿；孩子，你覺得該給誰吃呢？」如果孩子說，應該給他吃；這時候，爸媽應該對他說：「爸媽工作這麼辛苦，為甚麼不給他吃呢？」但如果孩子說，給爸媽吃；這時，爸媽應不要吝嗇地誇獎孩子——孝順，使爸媽感到暖心！

　　通過「選擇」來給予孩子教導，使他知曉「識恩、知恩」和「感恩」的重要性，對其成長，起著「關鍵作用」。

　　有道是：「懷著感恩的心情去生活，讓自己快樂，更讓別人感到快樂！」又道：「心中常存感激，心路才能越走越寬。」

　　說到底，每個爸媽都希望自己的孩子，能夠幸福、快樂！然而，幸福、快樂——不是單靠「金山銀山」；而是，教導孩子要「識恩、知恩、感恩」，以至「報恩」和「施恩」！如能做到，孩子便自然而然，得到幸福、快樂！

教養「小貼士」！

**教子識恩和知恩，
告知伺機感恩人。**

(10) 培養孩子的「最高軟實力」——
自律 (self-discipline)

　　常言道：「天生我才必有用。」又道：「小時了了，大
未必佳。」這兩句話，正好說明了，每個人都有其「才能」
與「聰慧」，如何使之有效發揮、有所作為，關鍵在於那人
是否具備「自律精神」？有沒有「實際行動」或「執行力」？

　　事實上，無論是「大人」或「細路」，若想做事成功，
除了要鍛鍊和運用本身擅長的能力外，還須具備「自律精

神」，以及配合「實際行動」；這樣，才能「集中精力」去做好每件事情，創造更多、更有意義的事物。

比方，為人所熟悉的富商李嘉誠，他從早年創業至今，一直保持著兩個「習慣」：一是他睡覺前，一定要看書；二是他晚飯後，一定要看英文電視—— 不僅要看，還要跟著大聲說，因為「怕落伍」！這種「勤奮」和「自律」，非一般人能比。為甚麼面對如此忙碌的生活，他還能如此「自律」，把工作安排得游刃有餘？說到底，還是他強大的「自我管理能力」所致。

然而，如何培養孩子的「自律」，使他們每做一事，均能「專心一致、堅持不懈」？真是談何容易！可以說，這是爸媽「最感頭痛」的問題。因為，對大多數孩子來說，「自律」是一道「大難題」—— 皆因他們做事，不是「朝三暮四」，想到甚麼便做甚麼；便是沒有一點「計劃」，且做事往往「半途而廢」，不能「有始有終」！這無疑對他們的成長，存在著不良影響。不過，話說回來，不止孩子管不住自己；生活中，不是有很多「大人」，也是一樣「欠自律」嗎？

因此，如何培養孩子「自律」，使他們養成一種「自律習慣」，以至成為其個人的「最高軟實力」？這是關心子女成長的爸媽，「不能輕視」和「必須正視」的「親子教養」課題。以下所述，爸媽和讀者諸君，不妨參詳：

何謂「自律」？

「自律」一詞，源自於《左傳‧哀公十六年》，指的是「在沒有人現場監督的情況下，通過自己要求自己，變被動為主動，自覺地遵循法度，拿它來約束自己的一言一行。也指不受外界約束和情感支配，依據自己善良意志，按自己頒佈的道德規律而行事的道德原則。」

筆者認為，「自律」（self-discipline 或 self-regulation）是指「自己約束自己，要提醒自己甚麼是可以做，甚麼是不可以做，約束自己在適當時間做適當的事。」再者，它是指「人能服從內在良心的規律，並能適當的約束自我的行為。」它可包括「自治能力」，如：個人清潔、生活自理等。譬如說，爸媽不在家時，孩子能給自己煮吃；有能力維持自己和居住環境的衛生與清潔，都是「自律」的表現。還有「自覺」地遵循法度，拿它來約束自己的「一言一行」等。

那麼，「自律」又有何價值？它對孩子的成長，有甚麼「好處」呢？

（1）孩子更有能力面對「壓力」和「挑戰」

「自律」讓孩子更有能力面對「壓力」和「挑戰」，即使爸媽不在身邊，他們也能做出正確和健康的選擇。

根據多項國際研究指出，「自律」比「智商」更能預測

一個人未來的「學業表現、事業成就、健康情形」等。因為，「自律」的人，知道甚麼對他們「有益、有利」和「有好處」；所以，他們雖知「箇中不易為」，但仍甘心作「自我克制」而為。譬如說，運動雖然辛苦，但他們「心知」對健康有利；溫書雖然很累，但他們「心知」對學業有所裨益等。

(2) 做事有「目標」和「規劃」

沒有「自律」的人，很多事情都沒辦法做好！因為，在沒有「明確目標」和「規劃」之下，他們稍一放縱或自我放鬆，便會浪費時間、精神，把時間放在不重要的事情上。

相反，「自律」的人認識到某個目標對其很重要，那麼他就會形成一種「自律」，甚至「自覺」。從古到今，這樣的人大有人在。譬如說，清朝名臣曾國藩，他說他有三件事一輩子每天都在做：第一，把茶餘飯後跟別人的交談記下來；第二，看十頁史書；第三，寫日記。

曾國藩的目標就是要做一個「文武雙全」的人。所以，他對自己的要求很嚴格。他給弟弟曾國荃寫信說：「你們可能做不到我這個程度，但起碼要做到『每日自立課程，必須有日日不斷之功』」。曾國藩對自己嚴格要求，對家人也同樣如此。他的「家訓家書」代代相傳，影響了曾家幾代後人。後來，曾家出了很多的人才，如曾國藩的兒子──曾紀澤，就是清末著名的外交家。

(3) 做事「持之以恆、不易放棄」

由於「自律」的孩子做事有「目標」和「規劃」，故能朝著「目標、方向」，以及跟從擬訂的「程序」來做事。即使，在過程中遇上困難，也「不易氣餒」而「輕言放棄」。當然，他們能否在旁得到師長的鼓勵、支持和輔助，尤為重要。

(4) 養成「自強不息」的性格

「自律」除了可以造就孩子的「軟實力」（soft power）外，更是他們「逆襲」的捷徑。哪何謂「逆襲」？

「逆襲」一詞，是網絡遊戲的常用語，指的是「在逆境中反擊成功。」逆襲──表達了一種「自強不息、以弱勝強、充滿正能量」的精神。由於孩子為了爭取勝利或成功，即使面對困難，也甘願作出挑戰，表現出「自我克制、自強不息」的精神。

(5) 提升「自我管理」和「時間管理」的能力

「自律」的孩子，一般都是身負多項要務，即使不是「十八般武藝」樣樣皆能，也是一「小忙人」！比方，除了要做功課、溫書外，還需參加「各式各樣」的課外活動，如：游泳、打籃球、踢足球、鋼琴、鼓樂等等。這些學習和課外活動，必須在安排上「井然有序」，讓孩子在「潛移默化」中，養成「自律行事」的習慣；反過來，也逐漸提升了其「自我管理」和「時間管理」的能力。

既然，「自律」對孩子的成長和影響那麼深遠；那麼，爸媽要怎樣做才「恰到好處」，可培養孩子的「自律性」呢？容後再談……

教養
「小貼士」！

今朝培育自律兒，
他朝易見成功士。

（11）如何培養孩子的「自律性」

　　早前，網上流傳了兩段視頻，是關於有大學生，因進入大學校園時，被保安查閱「學生證」而發難！他們不單以「粗言穢語」來辱罵保安員；甚至，以「郁手動粗」來責難他們！

　　事件引起了，社會上極大的迴響！大學對此，亦發表了「公開聲明」，表示對那些「惡劣言行」——感到痛心！除予以「嚴厲譴責」外，還表示會按「紀律程序」來嚴肅處理，絕對不容忍任何形式的憎恨、暴力、歧視或滋擾云云。

　　本來，「入屋叫人、入廟拜神」，或進入校門時出示「學生證」，或進入私人屋苑時出示「住戶證」；甚至，進入公司時，以拍卡來檢閱員工身份等，這些都是「行之已久、行之有效」的「平常事」，也是大眾所接受的「共識」和「規矩」，應沒有甚麼「異議」吧！然而，為何那些大學生，卻表現出「截然不同、匪夷所思」，以至「激憤」的言行呢？這使筆者聯想到，也許他們在成長的過程中，缺乏了「品德教育」或「家教」，以致不懂「自律」和遵守「規則、紀律」吧！若如所言，那真是「嗚呼哀哉」！

平心而論，有不少父母，有時會有意或無意，或不經意地側重了操練孩子的「學業成績」；而忽略了培育孩子的「最高軟實力」── 自律（self-discipline），以致他們長大後，難於融入社群而表現出「無規無矩」── 不遵守規則來行事！換言之，父母應怎樣做才「恰到好處」，以培養孩子的「自律性」呢？以下建議，諸君不妨參詳：

（1）給孩子「良好品格」的培育

從「行為心理學」的角度來看，人類每一個舉動，都是從「個人思想」做出發點；當中，它也包含了「品格」。換句話，若孩子擁有「良好品格」，將會更易建立「自律習慣」；而「自律」與其他「品格」，也會形成「相輔相成」的關係。比方：守時 ── 等同「對時間的自律」；尊重時間 ── 也代表重視對方的時間。敏銳 ── 對他人的「想法、需求」與「情緒」具有「洞察力」，因而願意克制自己的行為，以免造成他人的困擾。

（2）給孩子訂立「行為準則」

孩子在學習任何一項「品格」時，跟學科一樣，都需要理想的環境，以及可供仿效的模範。此時，除了爸媽的「言教」和「身教」外，也可配搭「人物故事」，幫助孩子從多方面認識「自律」的優點。

(3) 讓孩子學習「獨立自主」，避免過度干涉

　　「自律」的孩子，就算爸媽不在家，也能自覺地做好每件事，如：自己完成功課、主動收拾玩具、保持房間整潔等。這些經驗，實源於爸媽刻意地安排 —— 給予孩子自由；對他們該做的事情，爸媽都能「適時放手」，給予孩子學習「獨立」和「自律」的好機會。

　　事實上，若任何事情，爸媽都幫孩子「一手包攬」，他們便會覺得，家人的幫忙是「理所當然」的。如此，他們不但沒有機會從日常瑣事中，培養出「自律性」，也無法進一步將事情做好。所以，讓孩子多些接觸各項事務，從中培養和發揮他們的「自律習慣」，非常重要！

（4）讓孩子自己規劃課業與遊玩時間

爸媽可與孩子「約法三章」，如：做完功課後，才能遊玩……這樣，可讓孩子懂得，適當地分配時間來做功課及遊玩，並以「自律」來維持兩者的平衡。

除上述外，對於較幼的孩子來說，也可從「飲食、做家務」等生活做起：

（5）從「飲食」方面入手

· 少量嘗試：鼓勵孩子嘗試平常不喜歡的餸菜，如：教孩子先從「一小口」開始，不一定要全部吃光。

· 減少零食份量：引導孩子掌控正餐和零食的份量，幫孩子訂下「正餐前後 1 小時內不能吃零食」的規範。

· 依食量決定份量：若孩子於某樣餸菜吃得較少，可建議孩子下次考慮盛較少的食物，學習「儉約美德」。

（6）從「家務」方面入手

美國密西西比大學（University of Mississippi）教授 Marty Rossmann 表示：「讓孩子從小接觸家務，可培養孩子自律及責任感」。因為，孩子在做「家務」的過程中，也可

促使腦部及肢體的發展，使之協調，從而完成打掃、洗碗等任務。然而，有 3 個步驟，爸媽是需要注意的：

- ·步驟一：告訴孩子怎樣做（方法），以及所帶來的後果。

- ·步驟二：「主導權」交給孩子，放手讓孩子嘗試與安排，以訓練他們「獨立規劃」的能力。

- ·步驟三：讓孩子直接承擔結果，使他們更懂「自律」的重要性。

（7）讓孩子養成習慣，並適時給予糾正

例如：幫助孩子規劃「日程表」，估計每天每件事情所需的時間，並事後檢討 —— 甚麼事情佔用的時間，比預期中較多？從而輔導孩子建立更準確的「時間概念」，而不至於發生 —— 預設的時間與客觀時間有所「落差」的問題。

說到底，「君子以細行律身，不以細行取人。」這句出自於清代魏源《默觚下·治篇一》的名句，意思是指：「君子在小事小節上，會嚴格要求自己；但不以小事小節，來選取人才。」由此可見，從古至今，「自律」都是重要的個人「品質素養」。相信，高明的父母已知曉，如何在孩子的「學業」和「自律」上，取其適宜平衡、培育有道！

教養
「小貼士」！

有規有矩唔容易，
培養自律好孩兒。

2017 年全港小童軍故事演講比賽 「參賽創作故事」

神奇小子也愛大自然

作者：蕭一龍（父）

蕭浩然（子）

從前，有個村莊，住咗一個 7 歲半嘅<u>神奇小子</u>，佢叫做 <u>安素</u>！

佢好鍾意運動同畫畫！每日，佢做完功課後，都會一個人，跑去屋企附近嘅小山丘 —— 跳跳繩、踢踢毽、打吓少林拳！劫啦，佢會坐喺地上休息！休息完後，佢會習慣喺衫袋裏頭，攞出紙筆，開始佢嘅「大自然寫生」創作！

佢睇到「花」，就會照住「花」嘅「樣子」來畫……
佢睇到「草」，就會照住「草」嘅「姿勢」來畫……
佢睇到「樹木」，就會照住「樹木」嘅「雄姿」來畫……

於是，左畫一堆、右畫一堆，慢慢就畫成一幅好靚嘅「大自然風景畫」！

有一次，神奇小子正在「寫生」嘅時候，突然睇到有一「半爛」嘅「花朵」，正在「流眼淚」！

　　於是，佢走到「花朵」面前，向佢探問原因……

　　神奇小子面露疑問：「花姐姐，點解妳會喊㗎？」

　　花姐姐哭著回答：「小朋友，你有所不知啦！喺呢個小山丘，我原本係最靚嘅花朵！但係，有啲人見到我咁靚，就想摘我返佢嘅屋企做裝飾，又或者做盆栽……每次，我都會掙扎同反抗！佢地越用力摘，我就會越用力反抗！日子耐咗，我就被啲人搞到周身傷晒囉！」

　　神奇小子聽完花姐姐喊嘅原因，便用同情嘅語氣，對佢講：「哦，原來係咁！花姐姐，妳唔使難過！有咩嘢，我神奇小子可以幫到妳呢？」

　　花姐姐聽到神奇小子想幫佢，感到非常高興！於是，就對佢講：「好多謝你呀，神奇小子！你可唔可以幫我寫幾張『溫馨告示』，叫啲人唔好摘我哋呢班花姐妹啦！」

　　神奇小子聽到花姐姐嘅請求，便用肯定嘅語氣對佢講：「花姐姐，無問題！我幫妳寫吧！」於是，神奇小子便口唸咒語：「嘛呢嘛呢空！」立即就變出幾張「告示」，上面寫著「花朵只供觀賞，大家請勿採摘！」跟住，神奇小子便將呢啲「告示」，掛滿整個山丘！

花姐姐睇到整個山丘,都掛滿「告示」,感到非常高興,便對神奇小子講:「非常多謝你嘅幫忙呀,神奇小子!」

神奇小子便點點頭,微笑回答:「唔使客氣!」

又有一次,神奇小子正在山上「寫生」,突然睇到有一束快「凋謝」嘅「青草」,正在「喊」著!

於是,佢走到「青草」面前,向佢探問原因⋯⋯

神奇小子面露疑問:「草大哥,點解你會喊㗎?」

草大哥搖搖頭,嘆氣地回答:「小朋友,你有所不知啦!喺呢個小山丘,原本四圍都長滿青草!真係『綠草如茵、非常美麗』!可惜,有啲人唔愛惜呢一遍青草地,左踩右踩,搞到我哋一班青草兄弟,周身傷痕囉!」

神奇小子聽完草大哥嘅哭訴,便用同情嘅語氣,對佢講:「哦,原來係咁!草大哥,你唔使驚!有咩嘢,我神奇小子可以幫到你呢?」

草大哥聽到神奇小子想幫佢,感到非常高興!於是,就對佢講:「好多謝你呀,神奇小子!你可唔可以幫我寫幾張『溫馨告示』,叫啲人唔好亂咁踩草地,等我哋呢班青草兄

弟，可以健健康康地生長啦！」

　　神奇小子聽到草大哥嘅請求，便用肯定嘅語氣對佢講：「草大哥，無問題！我幫你寫吧！」於是，神奇小子便口唸咒語：「嘛呢嘛呢空！」立即就變出幾張「告示」，上面寫著「請大家愛惜青草，勿胡亂踐踏佢哋！」跟住，神奇小子便將呢啲「告示」，掛滿整個山丘！

　　草大哥睇到整個山丘，都掛滿「告示」，感到非常高興，便對神奇小子講：「非常多謝你嘅幫忙呀，神奇小子！」

　　神奇小子便點點頭，微笑回答：「唔使客氣！」

　　從此以後，神奇小子安素屋企附近嘅小山丘，都長滿咗「好多好靚」嘅花草，再無被人亂咁「採摘」同「踐踏」啦！

寓意：

呢個故事係講俾我哋聽，要「愛護大自然」──
唔好亂咁「摘花朵」同「踩草地」！

f 一龍教室

一理通，百理明；
一龍教你，通通明！

一龍教室乃秉承龍的寓意和精神，由創辦人Dr.Henry親自主理。
透過他精心設計和主講多類型實用和實戰課程，內容廣泛，包括：

職場智慧 卓越營銷 親子教養

「雙向教學」模式～ 啟發學員、增長智慧！
優質課程～讓你「學有所得，智有所長，作有所為」！

有意者，歡迎聯絡我們，了解更多課程詳情。

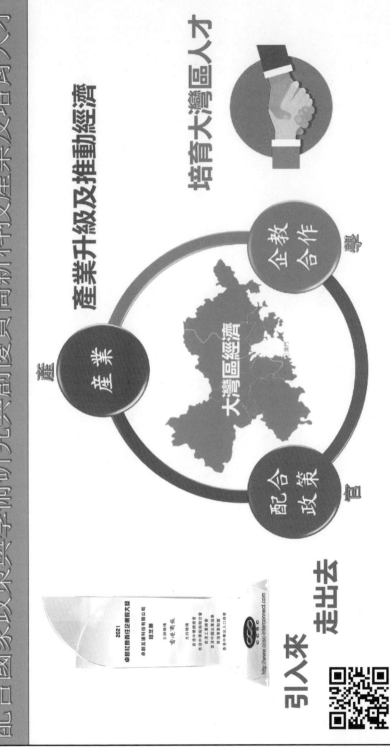

Parents 018

做個好爸媽

書名：	親子教養系列之《做個好爸媽》
作者：	蕭一龍 博士
總編輯：	阮佩儀
編輯：	AnGie
設計：	4res
插圖：	Lokki Lau
出版：	紅出版（青森文化）
	地址：香港灣仔道133號卓凌中心11樓
	出版計劃查詢電話：(852) 2540 7517
	電郵：editor@red-publish.com
	網址：http://www.red-publish.com
香港總經銷：	聯合新零售（香港）有限公司
台灣總經銷：	貿騰發賣股份有限公司
	地址：新北市中和區立德街136號6樓
	電話：(866) 2-8227-5988
	網址：http://www.namode.com

出版日期：	2022年1月
圖書分類：	懷孕育兒
ISBN：	978-988-8743-66-7
定價：	港幣88元正／新台幣320圓正